国际信息工程先进技术译丛

植入式电子医疗器械

［英］ 丹尼斯·菲茨帕特里克（Dennis Fitzpatrick）著
曹峥 译

机械工业出版社

本书分章节对具有类似功能的植入式电子医疗器械进行了划分和总结，包括视网膜植入物、智能隐形眼镜、膈神经刺激、葡萄糖生物传感器、耳蜗植入物、心脏起搏器、膀胱植入物、电刺激疗法、周围神经刺激、下食管刺激、迷走神经阻断疗法、植入式药物输送系统和无线内窥镜胶囊。

本书可作为植入式电子医疗器械的设计指导书，也可作为现有植入式电子医疗器械相关领域读者的参考指南。

译　者　序

随着电子技术的发展，植入式电子医疗器械也进入了高速发展阶段，并逐渐开始取代传统便携式医疗器械，成为全球医疗研发的热点。人类对生活质量的高要求使得全球对医疗保健产品的需求越来越大，在尺寸、成本、便携性、可靠性等诸多方面有着显著优势的植入式电子医疗器械具有非常广阔的市场前景。

我国拥有非常大的医疗器械市场潜力，对于高技术含量的植入式医疗器械来说，国内企业的生产水平整体落后，且市场规模还较小。由于技术上的欠缺，我国植入式医疗器械行业高端市场一直被外资企业所占领。尽管本土企业在近年来取得了一定的进步，但与外资企业相比，还存在着技术上的严重不足。

目前国内针对医疗器械的书籍还主要限于管理条例和基础教材，专注于植入式电子医疗器械的设计与开发的书籍资料很有限。本书对植入式电子医疗器械的医学背景和使用技术进行了全面的概述，根据功能对现有的器械进行了系统的划分和总结，内容广泛而全面，对于国家医疗器械科技产业“十二五”专项规划中的几个产品发展重点方向（预防、诊断、治疗、康复和应急救援）均有涉及，书中的众多电子医疗器械更是对国家“十三五”规划中医疗器械的重点专项“数字化诊疗设备”和“健康检测装备”的有力支持。对医疗保健领域的从业人员和学生来说，是一本不可多得的参考书。

在此，译者希望感谢一直以来支持自己的家人以及负责本书引进工作的机械工业出版社的朋友们。

译　者

原书前言

自起搏器和其他植入式电子医疗器械（IEMD）如助听器和葡萄糖传感器发展以来，人体内的植入式系统正在被广泛接受，并可以被获得。随着人类预期寿命的延长和对医疗保健需求的不断增加，对于开发面向大范围的医疗诊断、护理和治疗的技术以及生物医学工程师的需求也变得更大。幸运的是，技术上的进步已经能够使 IEMD 在小型化、复杂性、生物材料和定义标准等方面得以实现。

随着新的 IEMD 到来的是把来自不同国家的国家标准汇集在一起，针对 IEMD 的安全设计和实施，在一个国际统一标准下引入新的监管标准。制造商将必须执行并通过出示新的认证标志显示对新监管标准的遵守。

本书将具有类似功能的医疗器械总体划分到单独的章节中。本书旨在提供医疗器械的应用背景，介绍其中使用到的最新技术以及现有的医疗器械的例子。本书可以作为医疗器械的设计指南使用，也可作为现有医疗器械的参考书。本书主要面向参与或对 IEMD 的研究和设计感兴趣的人群。医疗保健行业是广泛的，包括电子工程师、生物工程师、生物医学工程师、临床工程师、临床科学家、开业医生、外科医生和学生等。

作者尽量对本书中展示的 IEMD 给予精确的描述。因此，我非常感谢来自医疗器械制造商的各位代表，感谢他们对植入式器械的精确表述而提供的宝贵的反馈意见。我还要感谢 Laurel Brumant 的解剖插图以及西伦敦大学的 David Chappell 博士对本书的校对和审查。感谢 Barry Nevison 在耳蜗植入物上的支持以及 Tina Lee 的信息检索。感谢 Elsevier 出版社的 Cari、Fiona 和 Naomi 在核查器械制造商上的不懈努力。

免责声明

尽管作者进一切努力确保对本书中展示的 IEMD 的精确描述，作者对于任何展示的 IEMD 的不精确描述不承担责任。

目　录

第 1 章　视网膜植入物

1.1　简介

图 1.1 示出了眼睛的主要解剖特征。在正常视力中，光通过瞳孔进入眼睛，并聚焦到眼球后部的视网膜处，刺激感光细胞将光转换成电信号。这些电信号沿着视神经传输到大脑中的视觉中心，在那里它们被解码，并作为图像被感知。导致眼睛部分或全部视力丧失的进行性疾病包括青光眼、视网膜色素变性和黄斑变性。

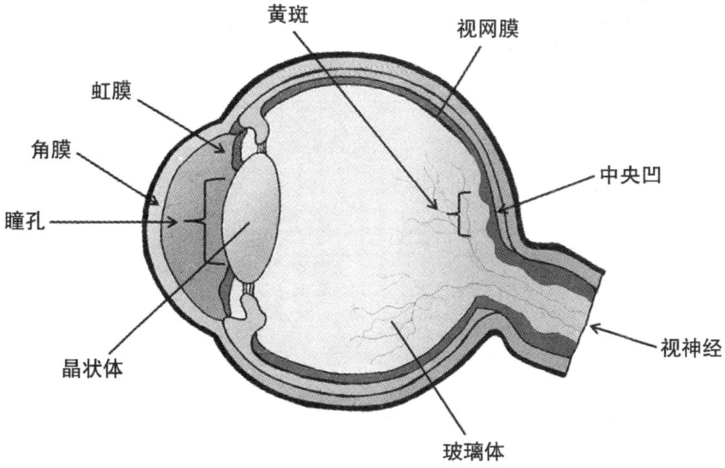

图 1.1　眼睛的结构

青光眼是由眼内压的增加导致的，其后果是不可逆的，最终导致失明。然而，如果在早期发现，疾病的发作可以通过医疗或激光手术被管理。测量眼压可以帮助对该疾病的早期阶段进行检测（见第 2 章）。

视网膜色素变性是一种遗传性疾病，由视网膜中感光细胞的退化造成，导致视力的部分或全部丧失。目前还没有治愈方法，不过基因疗法可能在未来提供治疗的替代形式，其中病毒被用于向眼睛后部的感光细胞传递恢复视力的治疗基因。

老年性黄斑变性（AMD）是视网膜的另一种疾病，但它仅影响视网膜的一小块被称为黄斑的区域，黄斑包含一小群锥形感光细胞，这些细胞对于阅读和近距离仔细观察物体所需的明亮的光线水平更具响应性。AMD 的发作发生在生命的晚期，并且只导致视力的部分退化。

视网膜植入物被用于帮助患有退行性视网膜疾病的人群，例如视网膜色素变性和 AMD，其中视神经和大脑中的视觉中心仍在运作，但患者已经因为视网膜感光细胞外层的退化而失去视力或视线感知。然而，和外层细胞相比，内视网膜层的细胞是相对完好的，是内层的细胞形成到达视神经的神经节接口。视网膜植入物不会给出生时已盲的人群带来受益，因为他们大脑中的光学视觉神经元回路和视觉处理中心未被开发或训练以感知视力。

1.2 视网膜

光通过晶状体进入眼睛，被聚焦在视网膜上，视网膜由位于眼睛后部的一薄层透明神经组织组成。邻近视网膜中心的一个区域被称为黄斑，它具有高浓度的神经细胞，负责看到详细的颜色，代表了视觉的中心。在黄斑的中心是一个小的凹陷或凹坑，被称为中央凹，代表了视觉的绝对中心以及可以达到的最高彩色分辨率，提供最清晰和锐利的图像。既而，眼睛不断移动（扫视），使得晶状体将所关注的图像聚焦到中央凹上，以获得颜色分辨率最高的图像。

视网膜由 3 个主要的功能性神经细胞层组成：感光细胞、双极细胞和神经节细胞。细胞层之间穿插的是水平和无长突神经细胞，如图 1.2 所示。处在视网膜后侧的感光细胞将光子光能转导为分级的神经信号，这些信号被通过双极和神经节细胞层发送和处理。神经节细胞的轴突一起共同形成视神经，引至大脑中的视觉处理中心。

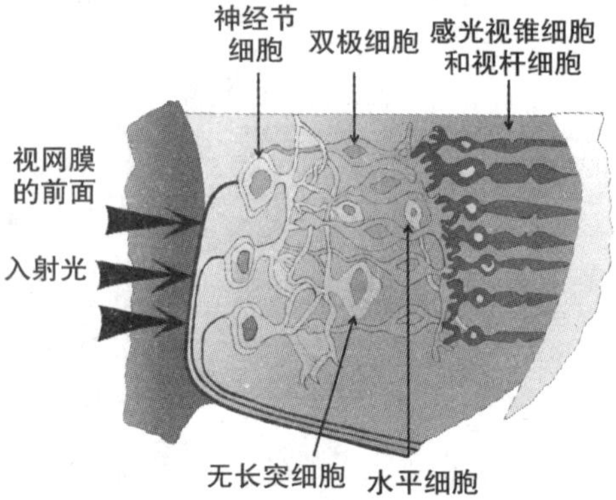

图 1.2 视网膜层的结构

1.3 感光细胞

有两种类型的感光细胞：视杆细胞，可以分辨颜色，但对弱光敏感（暗视觉）；视锥细胞，在可见光谱内明亮的光线下对颜色敏感（明视觉）。视杆细胞和视锥细胞由 4 段组成（见图 1.3）：外段、内段、细胞体（核）和突触末梢。

视杆细胞和视锥细胞的外段包括在自身上折叠的外膜，并堆积成盘状。在视杆细胞的情况中，该向内叠起的膜脱离，该盘在外膜内浮动。位于盘上的是感光色素蛋白，在视杆细胞中为视紫红质，在视锥细胞中为视紫蓝质。内段中包含线粒体，它们为化学反应和包含细胞核以及对维持细胞功能所必需的其他细胞器在内的细胞体提供所需的能量。突触末梢负责神经细胞突触体之间的神经递质谷氨酸的传输。

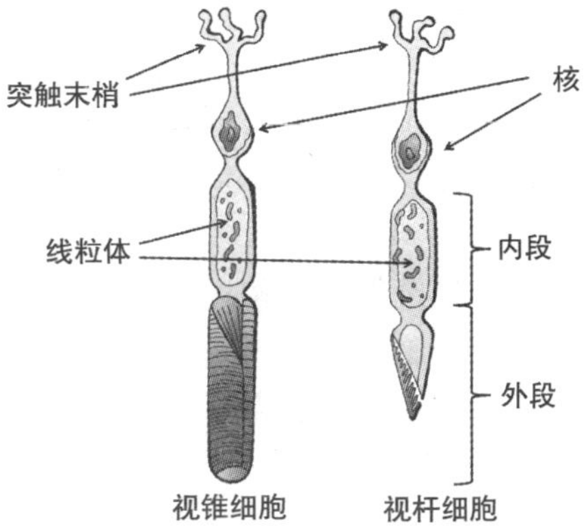

图 1.3　感光视锥细胞和视杆细胞[⊖]

在视杆细胞中，外段是圆柱形的，而对于视锥细胞，外段是锥形的（见图 1.4）。内段和外段的典型外径，对于视杆细胞来说是 2μm，对于视锥细胞来说是 6μm。与视锥细胞相比，视杆细胞的外段内还包括更多数量的光敏膜盘，导致对光具有更大的敏感性。在视网膜上通常有 1.2 亿的视杆细胞和 600 万的视锥细胞。

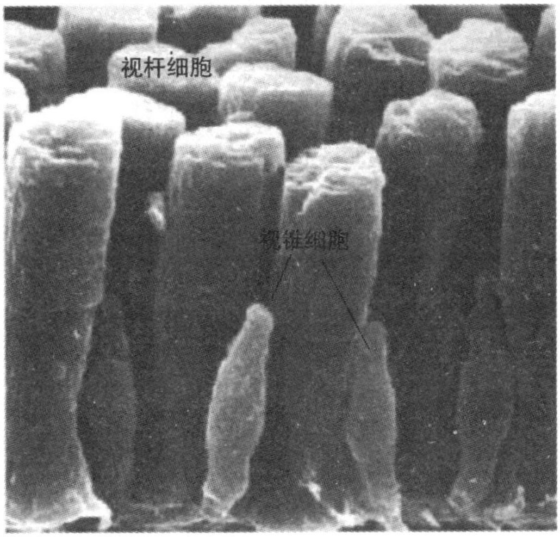

图 1.4　视杆细胞和视锥细胞结构上的差异
（http：//www. ic. ucsc. edu/Bbruceb/psyc123/Vision123. html. pdf）

⊖　此处原书图标错，左侧应为 rod cell（视杆细胞），右侧应为 cone cell（视锥细胞）。——译者注在视杆细胞中，所有的膜盘包含相同的感光色素视紫红质，它对光能量的吸收峰值发生在 500nm 的波长，该波长处在可见光谱的蓝 - 绿色区域内。在视锥细胞中，光敏的视紫蓝质由于氨基酸序列上的不同具有 3 个种类，每一个都具有不同的峰值吸收波长，分别是可见光谱的红（560nm）、蓝（420nm）和绿（530nm）区。

尽管每个视锥细胞都包含 3 种不同的视蛋白色素类型，但存在着 3 种不同定义类型的视锥细胞：短波（蓝光）、中波（绿光）和长波（红光），每一种视锥细胞在椎体内存在着一个主导的视蛋白种类。每个视蛋白色素的光吸收反应的叠加将导致在定义的锥颜色类型的周围区域内产生峰值响应。例如一个长波视锥细胞的峰值响应将因个体的蓝视蛋白和绿视蛋白的光谱吸收反应而被朝着可见光谱中的黄 - 绿区域转移，如图 1.5 所示。

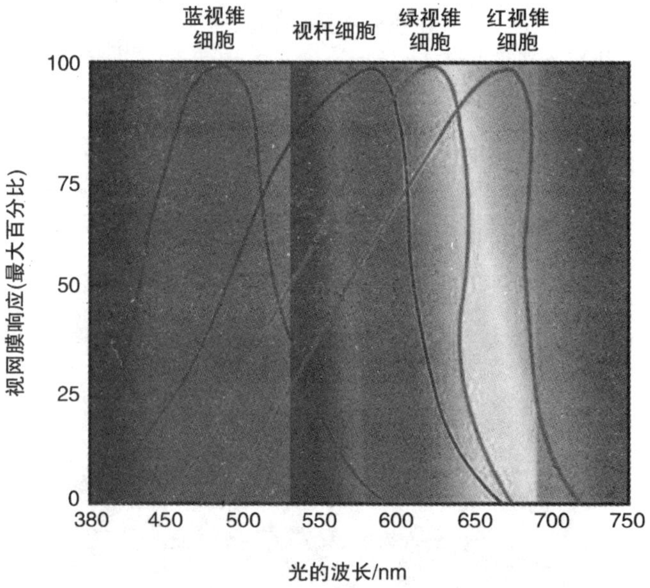

图 1.5 人眼的电磁波谱

图 1.6 显示了外膜内具有钠和钾离子通道的视杆细胞。在无光照时，会有连续流入细胞的带正电的钠离子流和流出细胞的钾离子流，统称为“暗电流”。这种动态安排使感光细胞具有一个为 -40 ~ -30mV 的静息电位。神经递质（谷氨酸）也被从感光细胞的突触末梢释放。当光子撞击到膜盘里的视色素时，一系列涉及酶活性的化学反应引起细胞的超极化，减少了突触神经递质的释放。

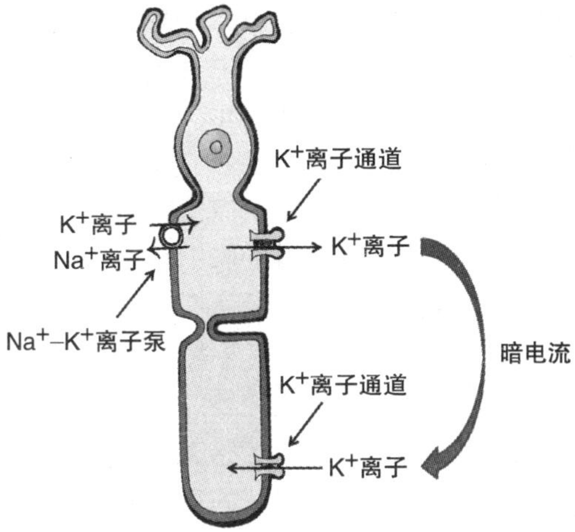

图 1.6　感光细胞中的诱导离子电流

1.4　双极细胞和神经节细胞

如图 1.2 所示，双极细胞和神经节细胞与两种其他细胞类型交错在一起：水平细胞和无长突细胞。来自感光细胞的神经信号与双极细胞直接交流，或通过水平细胞间接交流，该水平细胞反过来与其他的双极细胞或其他相邻的水平细胞交流。类似地，双极细胞与神经节细胞直接交流，或通过无长突细胞间接交流，该无长突细胞反过来与其他的神经节细胞或其他相邻的无长突细胞交流。

有两种类型的双极细胞，这两者都接受谷氨酸神经递质，不过 ON－中心型双极细胞将发生去极化，而 OFF－中心型双极细胞将发生超极化。这种安排有助于对衍生自感光细胞的视觉输入进行空间处理。双极细胞向神经节细胞提供许多感官输入中的一种，该输入被认为与对运动速度敏感的色觉的时间感官有关。神经节细胞的输出突触形成视神经，视神经将神经图像数据传输给大脑的视觉皮层，用于解码形成感知图像。神经节细胞还包含感光色素黑视蛋白，黑视蛋白参与到瞳孔的光反射机制，其中当视网膜暴露于明亮的光线中时，瞳孔发生收缩。

1.5　视网膜植入物

在视网膜疾病如视网膜色素变性和 AMD 中，感光器损坏，内双极和神经节层相对完整并仍在工作。因此，为了恢复某种形式的光感，并最终恢复视觉感知，视网膜植入物将需要把重点放在人为地对剩余的感光器和随后受损视网膜中的双极细胞进行超极化和去极化，从而再度形成对光和黑暗的感知。

被许多视网膜植入装置所采用的技术是对视网膜的内神经细胞进行电刺激，这是通过使用植入到视网膜内的电极阵列产生电脉冲的有序模式实现的。该电刺激可以由来自附接到一副眼镜上的外部视频相机所提取的视频数据衍生得到。或者，微光敏二极管可以被用于将视网膜上图像的入射光能转化成电刺激，因为眼睛的晶状体仍在工作。微光敏二极管和微电极的阵列是对称对齐的，使得它们有效地绕过外层损伤的感光细胞，对内神经细胞进行直接刺激。视网膜假体还可以提供调节的电脉冲，以唤起光点图案来表示盲文字符。

视网膜植入物可以是视网膜外层的，其中植入物被插在视网膜的表面，电极延伸到视网膜的内层，以刺激双极细胞或神经节细胞；视网膜植入物也可以是视网膜下的，其中植入物被插入视网膜内部的感光层中；或是脉络膜上的，其中植入物被植入到眼睛背部的处于视网膜和眼睛的巩膜之间的脉络膜上腔。

除了合适的生物相容性材料，对于视网膜植入物的其他考虑包括植入物被“固定”的机制以及对植入物中电子设备进行供电的技术。所使用的典型技术包括将能量从外部源转移至一个植入式接收线圈的电感耦合磁场线圈，从照射到视网膜上的入射光收集能量，或使用安装在一对眼镜上的外部红外激光束向植入物供电。

视网膜植入物实现视觉分辨率的一个度量是所达到的视觉敏锐度。视觉敏锐度指处于视觉中心的图像所被看到的对比度和分辨率细节。其他使用的术语包括所感知图像的锐度、清晰度或敏度。视觉敏锐度被相对正常的视力进行测量，正常的视力被定义为20/20，指人眼在20ft[㊀]（6m）远处区分图表上所画的单独圆弧线条的能力。每条弧线被分开1角分（相当于1.75mm的分隔）。作为比较，具有20/40视力的人在20ft远处可以读出的细节，能够被视力为20/20的人在40ft远的地方清晰读出。

1.6 微电极

可以通过向视网膜下层注入小的双向电流改变细胞膜电位以诱导光感，图像的分辨率取决于能够被激活的双极细胞的数量。为了提供足够的“像素”分辨率（视网膜检影）和敏感度以恢复某种形式的视觉感知，将这些电流向少数细胞的递送将需要使用到针形电极的微米制造或纳米制造。然而，能够安全递送的双向电流的量取决于充电“容量”和电极的材料。充电容量被定义为在电极不遭受显著损害的情况下，通过一个双相电流脉冲输送给电极的每单位面积的最大电荷量。电极越小，其充电容量越小。实际的电极充电容量取决于施加的电极电位。在电极和周围的组织（电解质）之间的界面上的电荷密度被定义为每单位电

㊀ 1ft = 0.3048m。——译者注

极表面积上的、双相刺激脉冲的每相的注入电荷。

因为输送的电荷与电极的表面积成正比，为了激活足够数量的神经细胞以获得足够的图像分辨率，在不导致对电极或周围组织的损伤的情况下，在电极大小和可以被输送的电荷量之间存在着一个折衷。提高电极电位会导致水的电解，其中对于负向电流脉冲，水发生还原产生氢气，而正向电流脉冲导致水的氧化，产生氧气。氧气和氢气的产生，也被称为“鼓泡”，是不可逆转的。被称为“水窗”的电极电位范围被定义为不产生气体的电位极限之间的范围。可逆的电荷注入可以被定义为在脉冲过程中在电极不超过水窗的情况下施加的最大电荷密度[Roblee and Rose,1990]。因此，这限定了电极的电荷注入容量。其他不可逆反应包括金属腐蚀，其中电极被驱动至一个正电位，该电位引起金属氧化，导致产生有毒的反应物。对微电极的要求是使电极阵列更小，但仍保持较高的电荷密度。

用于视网膜植入物的微电极阵列通常使用一个氮化钛（TiN）或氧化铱（IrO_x）的金属氧化物涂层，这导致比其他贵金属电极如铂和铱更高的电极充电容量密度。该涂层作为电介质，在电极和形成电解质的周围组织之间形成一个双层电容器界面。电极上的一个负向阴极脉冲将在电解质中诱发一个朝向电极的正离子流，引发神经细胞膜的去极化。随后的正向阳极脉冲将扭转离子流，导致净零电荷注入。表 1.1 提供了 TiN 和 IrO_x 的电化学充电极限。

表 1.1　TiN 和 IrO_x 的电极电位和电化学充电极限

	电极电位极限	电化学充电极限
TiN	-1.5 ~ -0.75V	0.6 ~ 0.9
IrO_x	-0.6 ~ 08V㊀	1 ~ 3

1.7　微光敏二极管

微光敏二极管由独立的光敏二极管和刺激电极的一个阵列组成，使它们可以有效地将入射光能量转导成电刺激，从而重现感光体的功能。每个微光敏二极管具有一个电极阵列配置，使得一个像素化的图像将被有效地映射，以刺激适当的双极细胞，达到接近于所接收的视网膜图像的自然视网膜拓扑映射。光敏二极管和电极的阵列越大，像素（空间）分辨率和随后的视网膜植入物的视网膜拓扑映射越大。光敏二极管产生电流，该电流通常被转换为电压。所得的单相电压被施加到电容耦合的电极，以提供一个双相电荷平衡刺激脉冲，最大限度地降低细胞损伤的风险，该风险通常由电极的非零极化导致。

㊀ 此处原书有误，“08V”应改为“0.8V”。——译者注

1.8 Argus Ⅱ视网膜假体（Second Sight Medical Products 公司）

来自 Second Sight Medical Products 公司的 Argus Ⅱ视网膜假体旨在帮助主要因为退化性视网膜疾病如视网膜色素变性导致失明的病人，其中视网膜的光敏感受器外层发生退化，导致患者具有较差的光感或无光感。

Argus Ⅱ系统包括一副眼镜，其中结合了捕捉场景的内置摄像头（见图 1.7）。场景的视频数据被通过一个电缆发送到视频处理单元，这通常是一个穿戴在腰带上的外部装置，并包含电池型电源。处理后的视频数据随后被发送回眼镜，在那里被无线传送给一个植入在眼球外表面上的接收器。该接收器随后利用一个薄的扁线，通过眼内的小切口向植入眼内的一个电极阵列发送电脉冲（见图 1.8）。

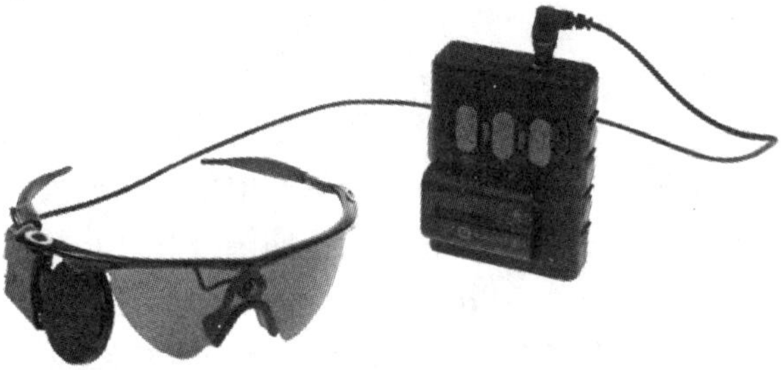

图 1.7 来自 Second Sight 的 Argus Ⅱ视网膜假体系统

（版权© 2013 Second Sight Medical Products Inc. 经许可转载）

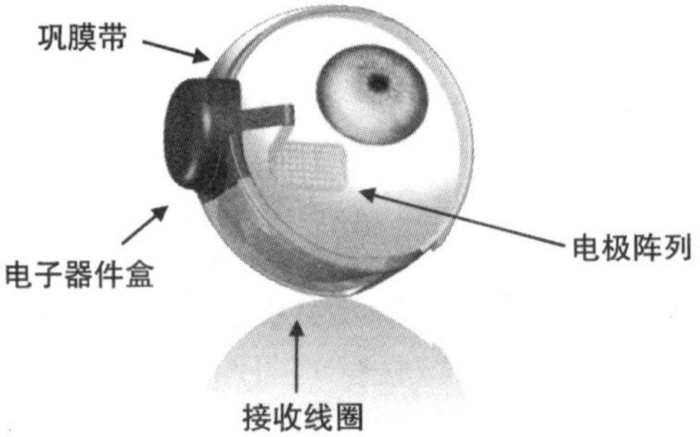

图 1.8 来自 Second Sight Medical Products 公司的 Argus Ⅱ视网膜假体

（版权© 2013 Second Sight Medical Products Inc. 经许可修改并印制）

该电极阵列包含处在基板上的 60 个电极，尺寸为 1mm × 1mm，被放置在眼睛后部的视网膜上，并通过一个手术钉中心定位在黄斑区（见图 1.9）。

电极与视网膜内的内神经视网膜神经节层接触，从而绕过了外部受损的感光

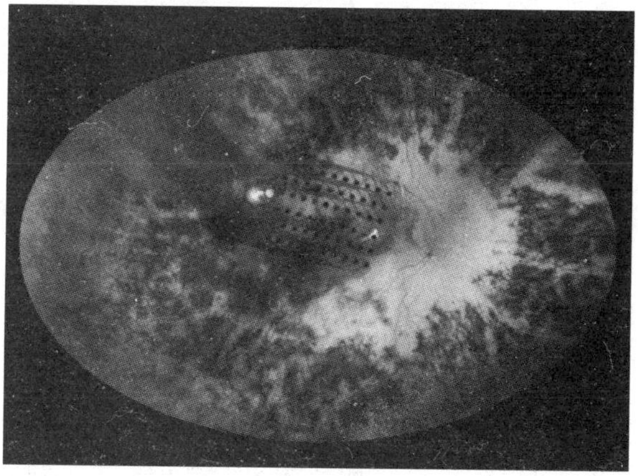

图 1.9　固定在视网膜上的电极阵列
（版权© 2013 Second Sight Medical Products Inc. 经许可转载）

器。对于视网膜色素变性来说，内神经视网膜神经节细胞仍正常工作，与视神经仍然保持着可用的连接，使得施加到电极阵列上的电脉冲将对视神经中的神经纤维进行刺激。

图 1.10 示出了视网膜假体的组件。巩膜带环绕眼部，位于眼部肌肉之下，并通过带子上的缝线固定。线圈被嵌入带内，用于接收外部数据，并为接收器提供电源。整个部件隐藏在眼窝内（见图 1.11）。

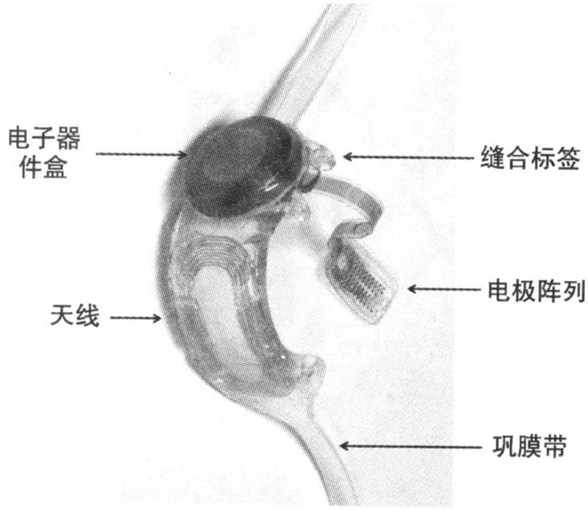

图 1.10　处在眼窝内的 Argus Ⅱ组件
（版权© 2013 Second Sight Medical Products Inc. 经许可转载）

Argus Ⅱ已经获得了欧洲的监管 CE 认证以及 FDA 的批准。使用 Argus Ⅱ的患者已经反映可以识别形状和运动，区分明暗，并阅读较大的字母。Second

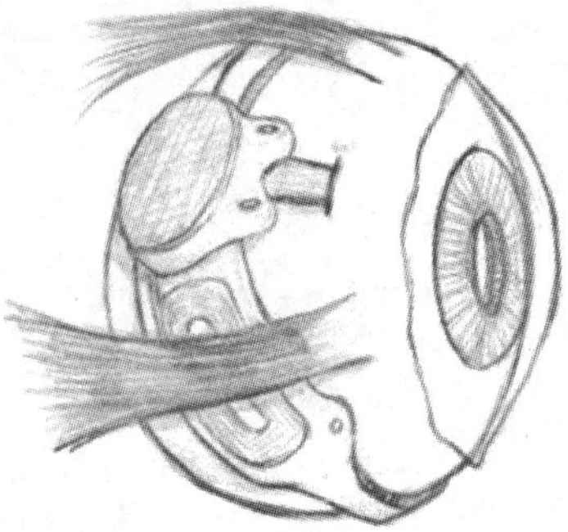

图 1.11 处在眼窝内组装的 Argus Ⅱ
（版权© 2013 Second Sight Medical Products Inc. 经许可转载）

Sight 的下一代产品 Argus Ⅲ和 Argus Ⅳ将包括一个 256 格的电极阵列。

1.9 人工硅视网膜植入物：Optobionics

来自 Optobionics 的人工硅视网膜（ASR）是一个自包含的、自供电的视网膜植入物，旨在将来自图像的光能转换成电脉冲，对视网膜内的神经细胞进行刺激。ASR 是一个具有大约 5000 个独立工作的微电极末梢微光敏二极管的微芯片。入射光能也被用于对微芯片供电。因此，不存在外部电源、引线或捕捉图像的外部摄像头。ASR 的直径为 2mm，厚度为 25μm，被植入在视网膜之下的视网膜下腔（见图 1.12）。

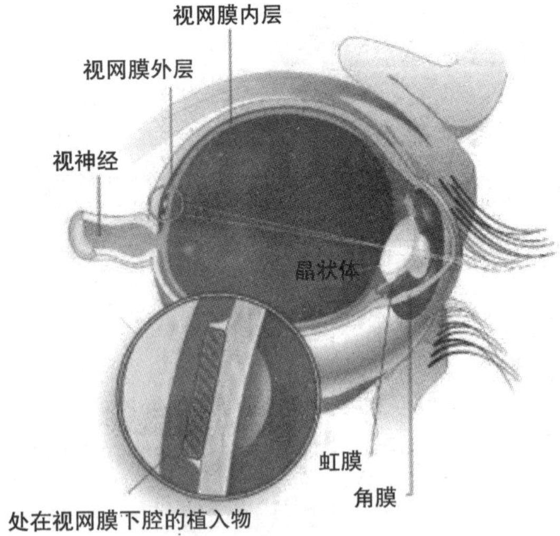

图 1.12 处于原位的 ASR（版权© Optobionics。经许可转载）

图 1. 13 示出了制造的微光敏二极管像素，每个像素大小为 20μm×20μm，具有尺寸为 9μm×9μm 的沉积并且电结合的氧化铱电极。像素之间的分割为 5μm×5μm。对于 800fc（英尺烛光）[⊖]的光照来说，像素电流在 8～12nA。

图 1. 13　ASR 微光敏二极管像素[Chow等人,2004]（经许可转载）

1. 10　Retina Implant AG 的 Alpha－IMS 植入物

Alpha－IMS 是一种视网膜下假体，将来自视网膜图像的光能转换成电信号，以有效地绕开受损的感光细胞，刺激仍然活跃的双极神经细胞。植入物被放置在视网膜外层的中央凹的下方，由一个外部电源供电，向一个植入到耳后皮肤下的接收器线圈提供电感耦合能量（和控制信号）。外部发射器线圈被通过插入头骨的磁铁固定。一个从接收器线圈引出的有机硅缆绳通过皮下引至眼窝，在那里与一个薄的聚酰亚胺箔缆绳相连，该聚酰亚胺箔缆绳通过眼睛后部的巩膜和脉络膜里的一个小切口进入视网膜下腔（见图 1. 14）。一个参比电极被放置在眼眶眶缘的皮下。

图 1. 15a 示出了该植入物，它由放置在一个柔性聚酰亚胺印制电路板上的微芯片组成。该微芯片包含一个以 1500 个光敏二极管和 1500 个电极作为独立器件排列的阵列，如图 1. 15b 所示。每个器件包含一个矩形的 15μm×30μm 的微光敏二极管，一个 50μm×50μm 的 TiN 电极阵列，和一个差分放大器，每个元件的大小为 72μm×72μm。电极的长度为 70μm，直径为 70μm，间距为 70μm。该植入物还包含一个 4×4 的测试电极阵列，用于对双极细胞进行直接刺激。该测试电极与光无关，为电极界面的特性和电脉冲刺激模式提供了一种手段。该微芯片尺寸为 3mm×3mm，厚度为 70μm，利用了 0. 8μm CMOS 技术制造而成。

⊖　1fc＝10. 764lx。——译者注

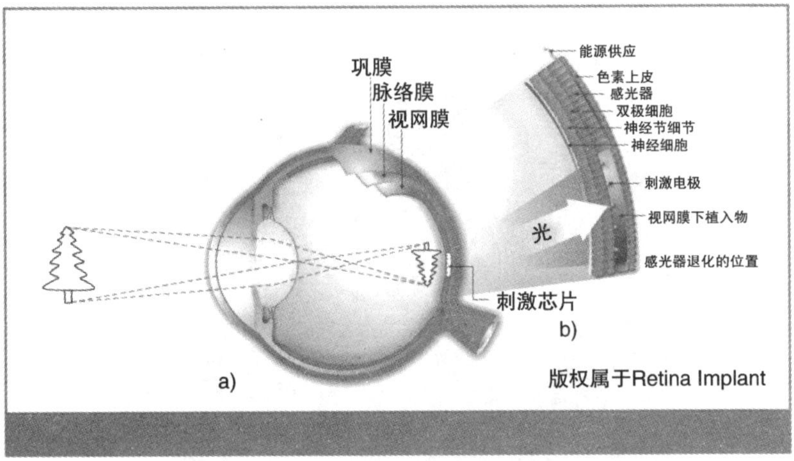

图 1.14 a) Alpha - IMS 视网膜下假体 b) 插入到朝向视网膜外层的视网膜下腔中的植入物（版权© Retina Implant AG。经许可转载）

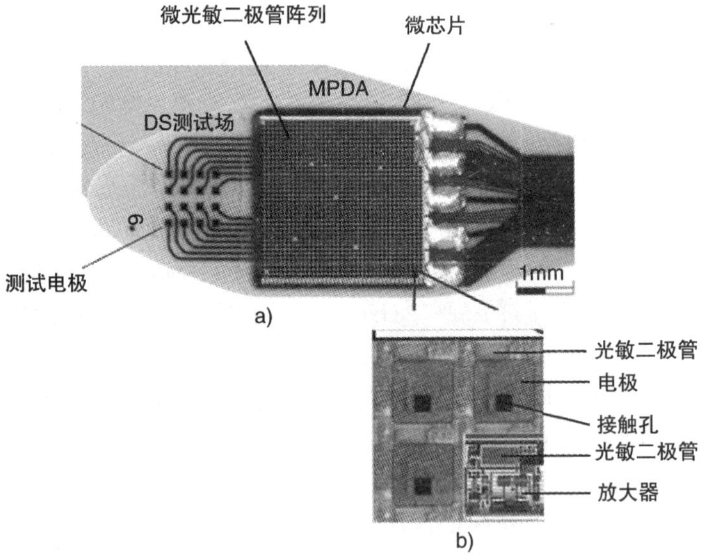

图 1.15 Alpha - IMS 假体

a）微芯片与直接刺激电极阵列 b）微光敏二极管器件（版权© Retina Implant AG。经许可转载）

由电极输送的双向刺激电流取决于撞击到微光敏二极管上的光的量，通常每个刺激脉冲提供 20 ~ 60nC 的电荷。光 - 电压转换周期在 0.5 ~ 6ms，像素图像刷新率通常为 5 ~7 个图像/s。该微芯片阵列覆盖大约 11° ×11°的视角，1°代表视网膜上 288μm 的距离。Alpha – IMS 已经获得了欧洲 CE 认证。

1.11 Bionic Vision Australia

Bionic Vision Australia（BVA）有 3 种可植入设备：Early 原型机（24 电极）、Wide – View 设备（98 电极）和 High – Acuity 设备（1024 电极）。Early 原型机和 Wide – View 植入物被插入到脉络膜上腔，而 High – Acuity 包括一个插入到视网膜表面上的视网膜外层植入物。来自位于用户眼镜框架上的外部摄像头的图像数据被处理并发送到一个微芯片 – 电极阵列。

图 1. 16 显示了 Wide – View BVA 的 98 电极系统。由摄像头捕获的图像被发送至一个外部处理单元，在那里数据被处理，并通过一个处于耳后的有线连接发送到植入的系统，它与微芯片 – 电极阵列相连。

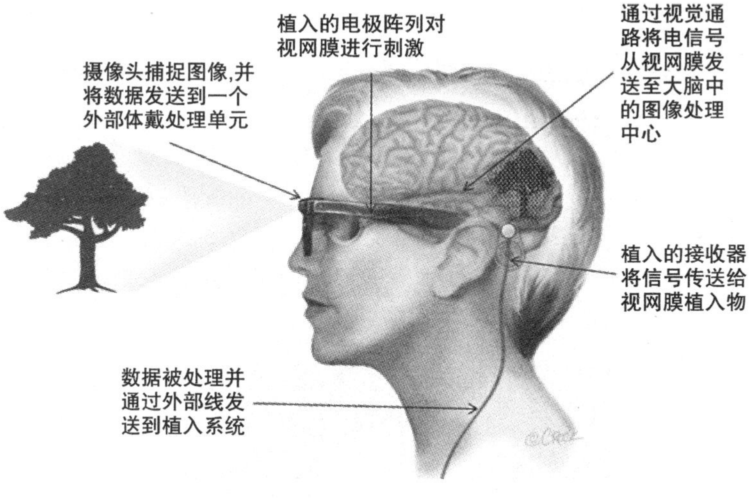

图 1. 16 Wide – View BVA 系统
（图片由 Bionic Vision Australia 提供，版权属于 Beth Croce）

对于图 1. 17 中的 High – Acuity BVA 系统来说，由外部摄像头捕获的图像数据被无线发送到视网膜植入物，其中处理器对数据进行分析，并提供相应的电极刺激模式。该 1024 微芯片 – 电极阵列由人造的聚晶金刚石电极组成。相同的材料被用于涂覆插入到视网膜表面上的视网膜外层植入物。

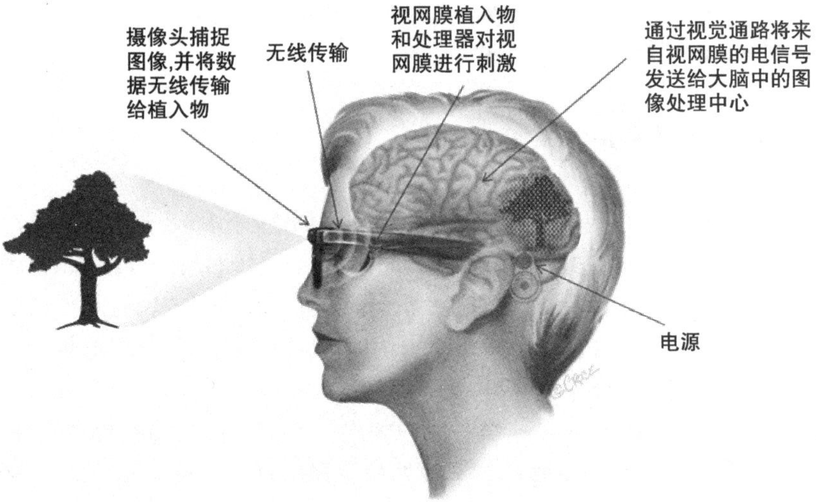

图 1.17 BVA High – Acuity 设备（图片由 Bionic Vision Australia 提供，版权属于 Beth Croce）

1.12 波士顿视网膜植入物项目：Bionic Eye Technologies Inc. 和 Visus Technologies Inc.

图 1.18 显示了波士顿视网膜植入物项目中的系统组件的概貌。图像由位于用户穿戴的特殊眼镜上的摄像头捕捉，来自图像的数据被无线传输到一个贴附在眼睛外侧的外部接收器，由信号处理器转换成电流脉冲，并被通过一个精细的导线发送至植入在视网膜下腔的电极阵列。

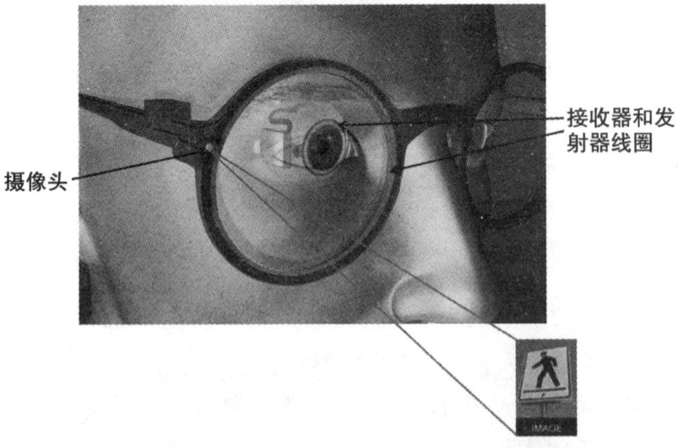

图 1.18 波士顿视网膜植入物项目（改编自 Kelly 等人，2013。经许可转载）

该植入物包含密封的钛外壳，其尺寸为 11mm × 11mm × 2mm，位于眼部的外部，缝合到巩膜上。功率和数据是通过一个频率在 6. 75MHz 的近场电感耦合利用频率键移（FSK）无线传输，实现 565kbit/s 的数据传输速率。用于植入物的功率来自于一对发射器和接收器线圈。该接收器线圈位于眼睛前部的角膜缘附近，也就是角膜和巩膜的边界区域（见图 1. 19），而发射器线圈则被集成到一副用户佩戴的“智能眼镜”的框架上。

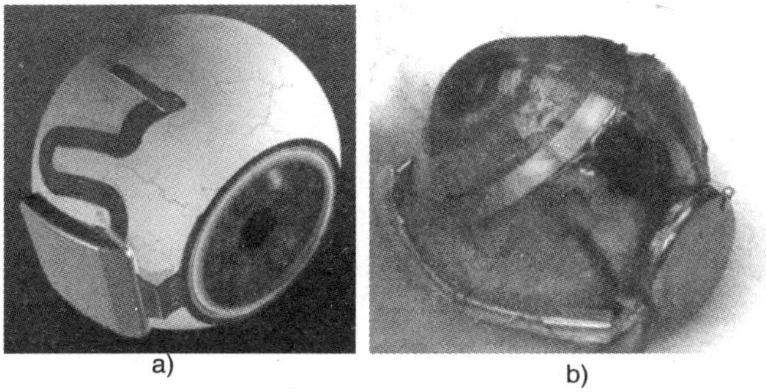

图 1. 19　接收器机壳、接收器线圈和电极阵列的有限连接在 a）模型概念和 b）人眼中的位置[Kelly等人,2013]（经许可转载）

蛇形连接器由植入物外壳延伸至插入到视网膜下腔的电极阵列。该电极阵列包含 256 个直径为 400μm 的、位于薄膜聚酰亚胺基底上的微加工溅射氧化铱薄膜针形电极。定制设计的 ASIC 能够递送的最大刺激电流为 127μA，步长为 1μA，最大脉冲宽度为 4500μs，步长为 17. 7μs。为了允许电极尺寸上的变化，可以设定 50nC、100nC 和 200nC 的电荷限制。刺激电极还可以配置成电流源或汇，以允许电流导引，并在递送一个刺激脉冲后提供对残余电极电压的测量和最小化。随着时间的推移，残留直流电压会损坏电极和周围的组织。整个 ASIC 采用了 0. 18μm CMOS 工艺制造。

参考文献

Chow, A.Y., Chow, V.Y., Packo, K.H., Pollack, J.S., Peyman, G.A., Suchard, R., 2004. The artificial silicon retina microchip for the treatment of vision loss from retinitis pigmentosa. Arch. Opthalmol. 122 (4), 460–469.

Kelly, S.K., et al., 2013. Developments on the Boston 256-channel retinal implant. Proc. IEEE International Conference on Multimedia and Expo Workshops, pp. 1–6.

Roblee, L.S., Rose, T.L., 1990. Electrochemical guidelines for selection of protocols and electrode materials for neural stimulation. Neural Prostheses: Fundamental Studies. Prentice-Hall, Englewood Cliffs, NJ, pp. 25–66.

Stett, A., et al., 2000. Electrical multisite stimulation of the isolated chicken retina. Vision Res. 40 (13), 1785–1795.

第 2 章　智能隐形眼镜

2.1　简介

青光眼是一种进行性疾病，它由眼球内压的增加所致，这能够导致对眼睛后部的视神经的破坏。在正常的眼睛里存在着内部房水液的动态平衡，维持眼睛的形状。水状液由睫状体内的细胞所分泌（见图 2.1），睫状体位于后房，处在虹膜后面。房水流体越过晶状体，通过瞳孔进入虹膜前面的前房。随后，房水通过包含小梁网和 Schlemm 管的微观排水通道网络离开眼睛，进入巩膜静脉，被吸收进入血液。排水通道的堵塞、房水液体产量的增加或巩膜浅层静脉压的增加都可能导致眼内压（IOP）水平的提高，这将损害视神经中的轴突。不要把房水和分布在角膜外表面的“眼泪”以及晶状体后面眼睛后房中的玻璃体液混淆。

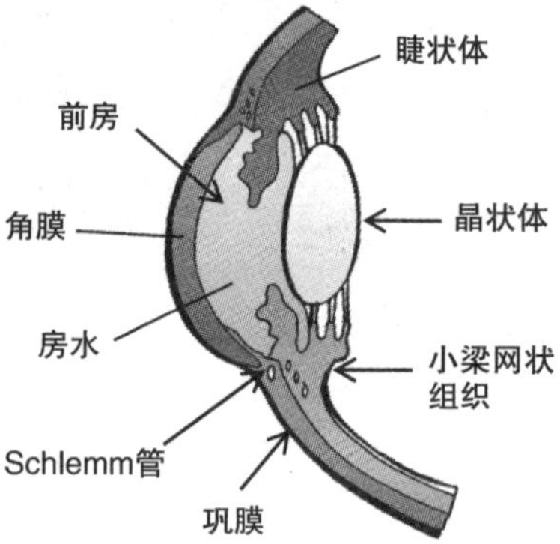

图 2.1　眼部前结构

青光眼的影响是不可逆的，最终将导致失明。然而如果在早期发现，疾病的发作可以通过医疗或激光手术进行控制。测量眼睛的 IOP 有助于对该疾病的早期阶段进行检测。

2.2　IOP 的测量

测量 IOP 的一种方法是测量角膜上的一小块区域被外部压力压平时所施加的反压量（推回）。这可以通过使用眼压计，利用直接接触角膜或非接触角膜压平（扁平化）技术完成。接触式压平眼压计如 Goldmann 眼压计对一个对角膜的固定区域进行推挤的探针尖端所施加的力进行测量，而一个典型的非接触式眼压计则是对将角膜的固定区域压平的小量喷气所施加的力进行测量，以确定 IOP。Goldmann 眼压计是公认的测量 IOP 的“黄金”标准测试。

根据 Imbert - Fick 定律的最初版本，施加在球体上的力等于球体内的压强乘以由外力压扁（压平）区域的面积，使得

$$W = Pt \times A \tag{2.1}$$

式中　W——施加的力（g）；

Pt——球体内的压强（mmHg）[⊖]；

A——被外力压扁（压平）的区域（mm^2）。

Imbert－Fick 定律假设了一个完美的球体，其膜无限薄，具有很好的弹性，且绝对干燥。然而，角膜的刚性将提供一定的施加应力所必须克服的初始阻力。同时，角膜是湿的，具有一个薄的“泪”膜，产生表面张力，这将创造一个毛细引力，将眼压计的探针尖端拉向角膜，如图 2.2 所示。

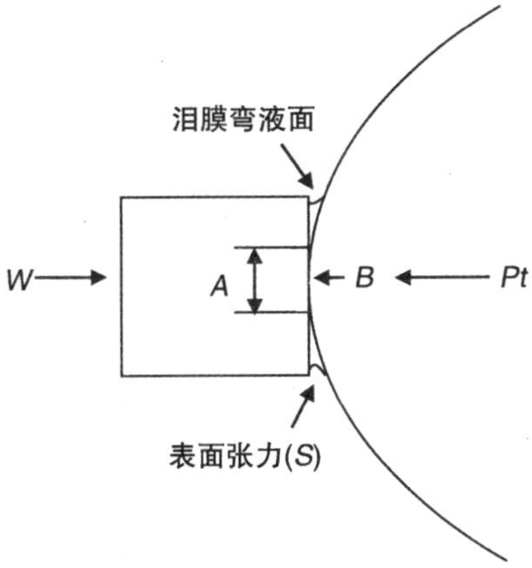

图 2.2　施加到角膜压平区的力

修改后的 Imbert－Fick 定律则变成

$$W + S = (Pt \times A) + B \qquad (2.2)$$

式中　S——泪膜弯液面的表面张力；

B——弯曲角膜所需的力（以克服角膜的刚性）。

Goldmann[Moses,1958]发现，当将角膜压平控制在 2.5～4mm 的直径范围内时，泪水的表面张力和角膜的刚性力相互抵消。在直径为 3.06mm 时，IOP 与施加的克力的比值为 10∶1[Duke－Elder,1968;Davson,1962;Moses,1958]，也就是说，1mmHg 的 IOP 等于施加的压平克力的 1/10，这提供了一个方便的转换因数。因此，对于 15mmHg 的 IOP，需要 1.5g 的力使得角膜被压扁到 3.06mm 的直径。直径 3.06mm 对应于 7.36mm^2 的扁平化区域。前房的正常眼压范围被定义为 10～21mmHg[Pinsky和Dayte,1991]。

在接触式眼压计的情况中，麻醉滴眼剂被滴入眼中，并且在 Goldmann 眼压计的情况中，荧光素染料被滴入眼中，这将导致泪水弯液面在钴蓝灯下发出亮黄色的荧光，当使用两个独立的棱镜时，会产生两个独立的半圆图像，称为“mires”。探针尖端所施加的力被提高，直到半圆被分开到刚好接触。这表示扁平角膜的直径为 3.06mm。为了建立一个完整的 IOP 曲线，将需要进行一些测试，以检测到在白天和夜间可能发生的 IOP 的升高。

非接触式眼压计包括气压眼压计，其中已知接触面积的气体被喷向角膜的表面，其力随着时间线性增加，逐步扁平化角膜，直到角膜向一面镜子一样，将一束光反射到一个光传感器上，将施加的喷气关掉。已知喷气所施加的力以及角膜的接触区域，可以计算出 IOP。

IOP 可以通过使用“智能”隐形眼镜进行测量，该眼镜对由 IOP 的变化引起

⊖ 1mmHg = 133.322Pa。——译者注

的角膜变形进行检测。这些变形可以采用微加工应变计或共振频率选择性电极进行检测。其他技术包括将传感器放置到眼睛的前房内。

2.3 来自 Sensimed 的 Triggerfish

来自 Sensimed 的 Triggerfish IOP 传感器是一种“智能”隐形眼镜，旨在通过检测角膜曲率的变化对眼睛在 24h 内的 IOP 变化进行监控。一个微加工的应变计传感器、天线和专用遥测电路（ASIC）被嵌入到软性隐形眼镜中，其配置方式使得它们不影响正常的视力（见图 2.3）。接收天线被固定在眼睛周围，连接到一个便携式数据记录器上。24h 后，隐形眼镜被丢弃，IOP 的数据被进行分析。

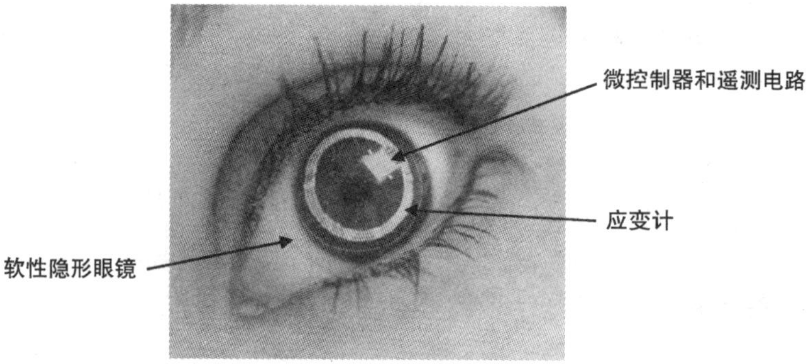

图 2.3　Triggerfish 智能隐形眼镜（版权©2013 Sensimed。经许可转载）

随着 IOP 的增加，在角膜上存在着向外的球形分布力，如图 2.4 所示。由于前泪膜和后泪膜的毛细管力，该隐性眼睛将保持与角膜的接触，并随着角膜的变形伸展。因此，该软镜将随着角膜曲率半径的增加而扩展。

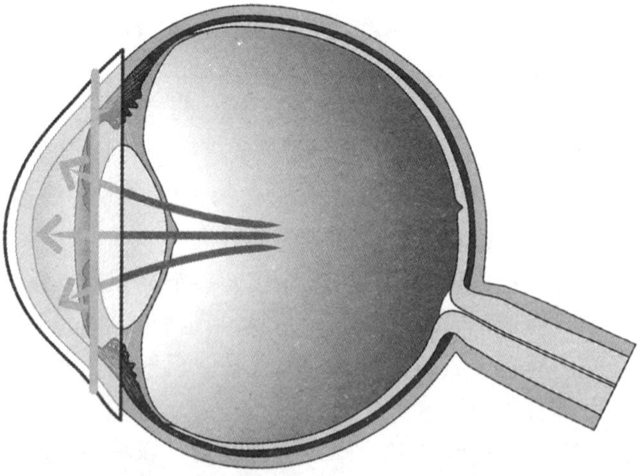

图 2.4　隐形眼镜上 IOP 的增加。垂直线表示圆周应变计的位置（版权©2013 Sensimed。经许可转载）

随后的隐形眼镜的圆周变化被通过标称直径为 11.5mm 的圆周应变计检测，该应变计的直径对应于角巩膜缘的直径，在这里可以检测到最显著的圆周应变。图 2.5 显示了随着角膜被向外推，IOP 的增加，角膜半径的夸张变化。据假定，最大的角膜变形将发生在角巩膜缘，也被称为缘过渡带，这是眼睛的角膜和巩膜之间的边界。

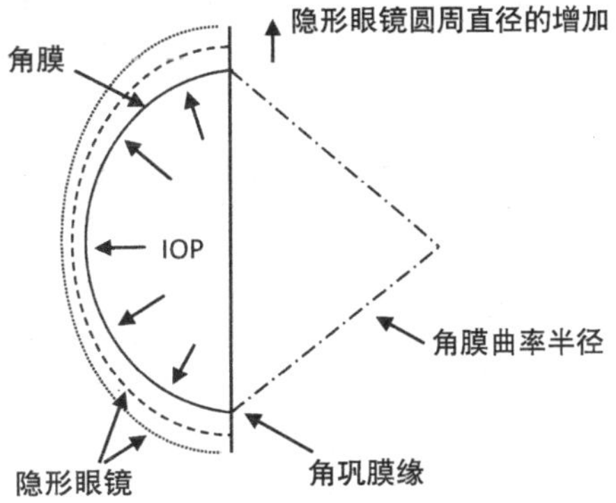

图 2.5　随着 IOP 变化而变化的隐形眼镜圆周直径

该软性隐形眼镜包含一个聚酰亚胺微弯曲基底，其上微加工了铂 - 钛金属应变计图案，随后被夹在两层聚酰亚胺之间。该聚酰亚胺层随后被嵌入到软性隐形眼镜的聚硅氧烷中。该 ASIC 是一种定制 IC，连同无线电遥测电路，提供了控制和信号调理电路。

所检测的应变由下式给出[Leonardi等人，2003]：

$$\varepsilon = \frac{\Delta R}{\mathrm{GF} R_0} \tag{2.3}$$

式中　ε——主动应变计的应变；

GF——应变计因子；

R_0——标称应变计电阻；

ΔR——应变计电阻变化。

使用具有两个主动臂（圆周应变计）和两个被动臂（固定应变计）的惠斯顿电桥配置，依赖于应变的输出电压由下式给出：

$$V_{\mathrm{m}} = \frac{\varepsilon \mathrm{GF} V_{\mathrm{s}}}{2} \tag{2.4}$$

式中　V_{m}——测量的输出电压；

V_{s}——施加的直流电压；

GF——应变计因子。

所得的测量应变不随角膜曲率的变化而发生线性变化。然而，中央角膜的曲率半径的变化显著小于标称角膜曲率半径，以至于应变与角膜曲率半径的比可以被认为是线性的。对于一个 8mm 的角膜曲率半径，角膜曲率变化的典型值在 1 ~ 200μm[Hjortdal和Jensen，1995；Lam和Douthwaite，1997]。

因此，应变可以由下式给出：

$$\varepsilon = a\Delta r \tag{2.5}$$

式中　Δr——隐形眼镜曲率的变化；

a——比例系数。

由应变计测得的输出信号则可以被改写为

$$V_m = \frac{a\Delta r \mathrm{GF} V_s}{2} \tag{2.6}$$

IOP 是角膜曲率的函数，使得压强的变化可被定义为

$$\Delta p = b\Delta r \tag{2.7}$$

因此，将式（2.7）中的 Δr 利用式（2.6）替代，IOP 的变化由下式给出：

$$\Delta p = \frac{2bV_m}{a\mathrm{GF}V_s} \tag{2.8}$$

将式（2.3）中的 ε 代入式（2.4），并整理得到

$$\Delta R = \frac{2V_m R_0}{V_s} \tag{2.9}$$

于是，ΔR 可以通过具有已知施加电压 V_s 的惠斯顿电桥测量 V_m 而确定。

假定 IOP 增加 1mmHg 导致标称半径为 7.8mm 的巩膜的曲率半径发生 3μm 的变化[Hjortdal和Jensen，1995；Lam和Douthwaite ,1997]，IOP 可以被确定，使得式（2.7）中的“b”可以计算如下：

$$b = \frac{\Delta p}{\Delta r} = \frac{1\text{mm}}{2\mu\text{m}} = \frac{1}{3}\text{mm}$$

参考文献

Davson, H., 1962. The Eye. Vegetative Physiology and Biochemistry, vol. 1, third ed. Academic Press, San Diego, CA.

Duke-Elder, S., 1968. The physiology of the eye and of vision. System of Opthalmology, vol. 4. C.V. Mosby, St. Louis, MO, p. 157.

Hjortdal, J., Jensen, P.K., 1995. In vitro measurement of corneal strain, thickness and curvature using digital image processing. Acta Ophthalmol. Scan. 73, 5–11.

Lam, A.K., Douthwaite, W.A., 1997. The effect of an artificially elevated intraocular pressure on the central corneal curvature. Ophthal. Physiol. Opt. 17, 18–24.

Leonardi, et al., 2003. A soft contact lens with a MEMS strain gage embedded for intraocular pressure monitoring, 12th International Conference on Solid State Sensors, Actuators and Microsystems, Boston, MA, pp. 8–12.

Moses, R.A., 1958. The Goldmann applanation tonometer. Am. J. Opthalmol. 46–865.

Pinsky, P.M., Dayte, D.V., 1991. A microstructurally-based finite element model of the incised human cornea. J. Biomech. 24 (10), 907–909, 911–922.

第 3 章　膈神经刺激

3.1　简介

膈神经刺激，又称膈神经起搏，一直被用于帮助因脊髓损伤或神经功能紊乱（如先天性中枢型肺换气不足综合症、中枢型睡眠呼吸暂停综合症和膈肌麻痹）导致的患有呼吸麻痹的患者恢复一定形式的呼吸功能。膈神经起搏还被证明有益于患有运动神经元疾病（如肌萎缩性侧索硬化症，又被称为葛雷克氏征）的患者，协助其呼吸、睡眠，并延迟依赖机械呼吸机的时间。

膈神经起源于脊柱颈根 C3、C4 和 C5，并负责支配横隔膜，横隔膜是附着在下肋笼上的一片骨骼肌，为包含心脏、肺和肋笼的胸腔提供一个圆顶形的基础（见图 3.1）。当横隔膜收缩时，它开始变平并向下移动，增大横隔膜上胸腔内的空间。这导致肺内压强的降低，产生低于大气压强的负差压，从而将空气吸入肺部，这一过程被称为吸气。当横隔膜松弛，它会回到胸腔内，增大压强，迫使空气排出肺部（呼气）。

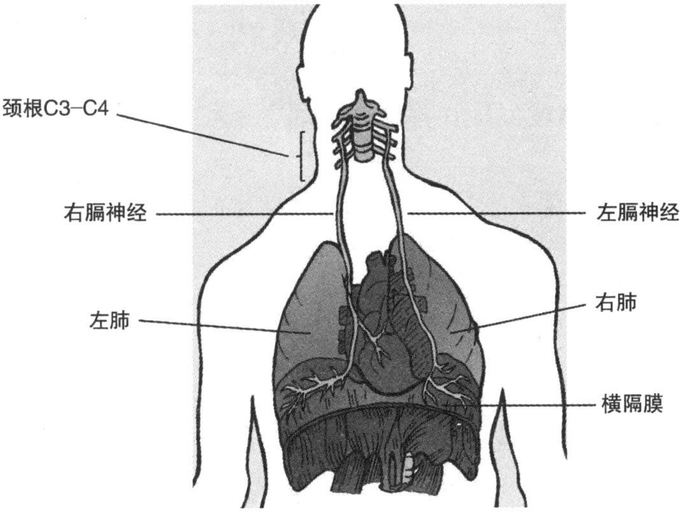

图 3.1　横隔膜的神经支配

颈根处的创伤或神经损坏将导致一定程度的呼吸受损或缺失，标准的治疗是使用一个机械呼吸机，在正压下通过一个气管插管或气管造口管将空气送入肺部。然而这一做法在病人被插管后存在着感染的风险，因为细菌和其他微生物能够进入气管插管并感染肺部。如果在插管后48h后检测到肺炎，则被判定为呼吸机相关性肺炎。

机械呼吸机还会影响到病人的独立和运动能力，并会削弱语言能力。不能咳嗽意味着肺部感染可以导致肺内流体的积聚，并可能因为不使用而导致横隔膜的肌肉萎缩。不过，如果膈神经完好无损，横隔膜肌肉仍正常工作，对隔神经或横隔膜肌肉的肌肉运动点进行电刺激能够使横隔膜肌肉发生收缩，导致气体在负压下进入肺部，从而产生一个更自然的呼吸活动。

隔膜起搏利用肌内电极对隔膜的肌肉运动点进行电刺激，而膈神经刺激使用与神经接触的电极。在任一情况下，植入系统的效率可以通过测量隔膜收缩时的吸气时间、潮气量（呼吸深度）和可以实现的有效呼吸频率来确定。呼吸频率被定义为60s内呼吸的次数，其中一次呼吸为一个完整的吸气—呼气循环。平均静息呼吸频率随着年龄增长而降低，在成人中被认为处于12～18次/min呼吸（breaths per minute，bmp），潮气量约为500mL[Blows,2001]。

可以通过不同的颈部和胸部方法暴露颈部区域内的膈神经并对其进行访问，甚至可以通过肋笼的第二肋间（在第二和第三肋骨之间）达到。对于胸腔内的膈神经电极以及用于隔膜起搏的腹部内的肌内电极的植入通常采用微创外科手术。植入后，为了对发生萎缩后的肌肉的耐力和力量进行恢复，并对用于起搏的隔膜肌肉组织进行调节，通常会对隔膜进行调节电刺激。

3.2 Atrotech Atrostim膈神经刺激器

Atrostim膈神经刺激器（PNS）是一个隔膜起搏系统，它包括两个植入刺激器，分别与左右膈神经接触的多极电极配置相连。刺激器被植入到上胸部区域的皮下，并配有一个用于电源和通信的内置拾波线圈。外部控制器利用电感通过发射器线圈向植入物发送能量和数据，该线圈附连到植入体位置的皮肤上（见图3.2）。

该多极电极（见图3.3）包括4个铂接触电极，它们有效地将刺激区域划分成4个象限。每个单独的象限将会导致隔膜局部肌肉收缩。然而与利用一个单极电极的刺激频率（18～22Hz）相比，依次对所有4个象限进行刺激将形成一个频率为刺激频率的1/4（4.5～5.5Hz）的融合的肌肉收缩。与单极刺激相比，顺序的刺激也将允许肌肉运动单元获得一个更长的恢复期，可以使病人的隔膜耐受持续的刺激而不疲劳，并且病人戒掉机械呼吸机的时间（隔膜调节）也减少了。

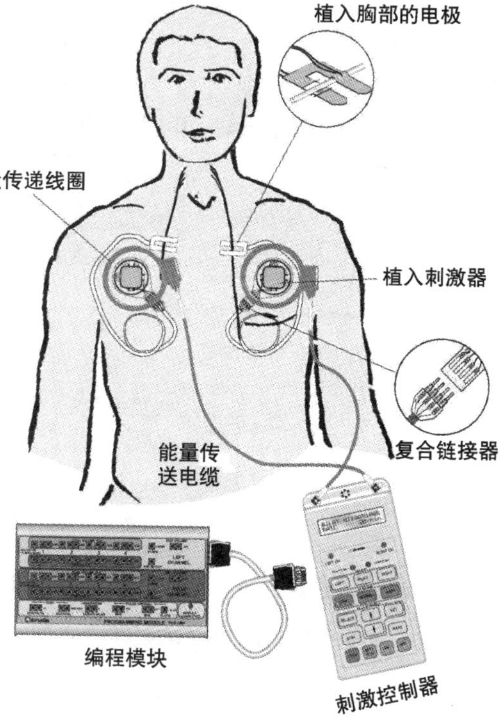

图 3.2　Atrostim PNS 系统（版权©Atrotech。经许可转载）

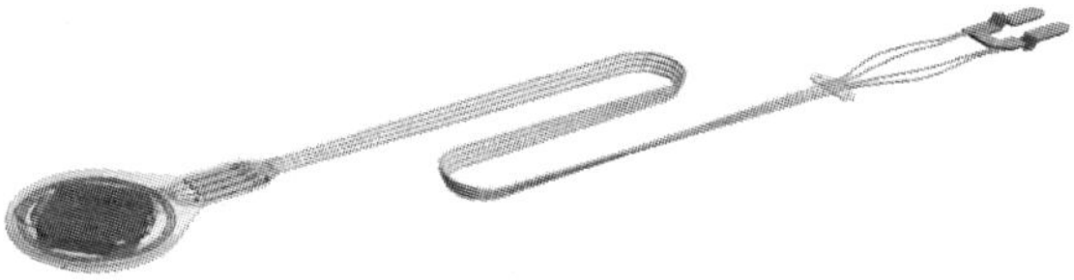

图 3.3　Atrostim 接收器和四接触电极（版权©Atrotech。经许可转载）

为了满足不同代谢患者的需求，Atrostim PNS 提供 3 个预设刺激设置，分别针对患者的仰卧位、坐下或急需提高代谢率的需求。Atrostim PNS 还具有针对隔膜肌肉训练以及协助咳嗽的手动和自动功能。

3.3　Avery Biomedical Devices 呼吸起搏器系统

来自 Avery Biomedical Devices 的呼吸起搏器系统能够帮助丧失呼吸神经控制的成人和儿童病人恢复一定形式的呼吸功能。该 Avery 系统对膈神经进行刺激，引起半隔膜收缩，为呼吸周期的吸气阶段造成负压，从而使空气进入肺部。

当刺激被关闭时，呼气阶段和随后的半隔膜松弛发生。图 3.4 示出了一个呼吸周期的标准刺激模式，吸气期（IP）为固定的 1.3s，包含一个 26μs × 150μs 宽的刺激脉冲，刺激间隔为 50ms。呼气期（EP）随呼吸频率而变化，例如对于 12bpm 的呼吸频率来说，呼吸周期为 5s，得到的 EP 为 3.7s。如果临床医生要求，IP 可以在工厂内进行预调整。

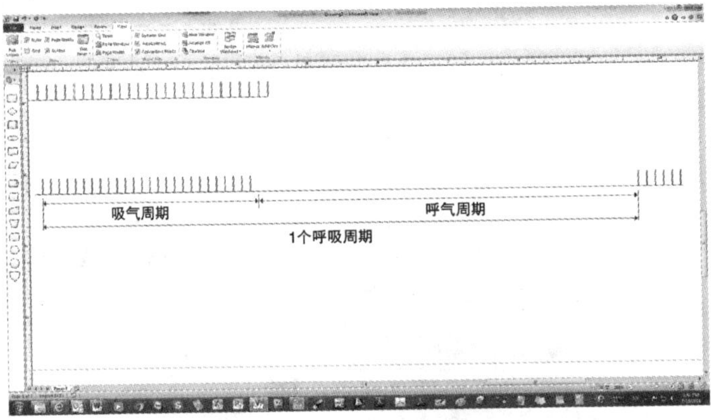

图 3.4　一个呼吸周期的刺激模式（版权©Avery Biomedical Devices。经许可转载）

在隔膜发生突然收缩的情况下，气道可能坍塌，造成阻塞性呼吸暂停，这需要改变刺激参数。为了将隔膜收缩调节到更接近正常呼吸的水平，另一种方法是逐渐增加刺激脉冲的振幅。接收器中电流源的刺激参数在表 3.1 中进行了总结。

表 3.1　Avery Biomedical Devices 呼吸起搏器系统的刺激参数

参数	最小	出厂设定	最大
脉冲宽度/μs	70	150	1000
脉冲间隔/ms	40	50	130
吸气时间/s	1.2	1.3	1.45
呼吸频率/bpm	6	12	30
振幅范围	0V	5	8.0≈10.5V①
拨号设置/CE	0V	5	8.0≈10.5V②
振幅斜率/V	0	0	3.5
RF 载波频率/MHz	2.00	2.05	2.1

① FDA 批准的美国型号。

② CE 批准的欧盟型号。

表 3.1 中的振幅电压与刺激电流跨越 1kΩ 电阻的电压下降有关，该电阻相当于人体的内阻。

来自 Avery Biomedical Devices 的呼吸起搏器系统包含两个 RF 供电的植入式接收器、两个植入式铂电极和一个外部发射器。该电极被连接到膈神经的周围，接收器被通过外科手术植入到胸前的皮下袋内，最好在肋笼之上，其上放置了一个固定在皮肤上的外部天线。外部发射器被放在一个袋子里，绑在身体、轮椅等之上（见图 3. 5）。

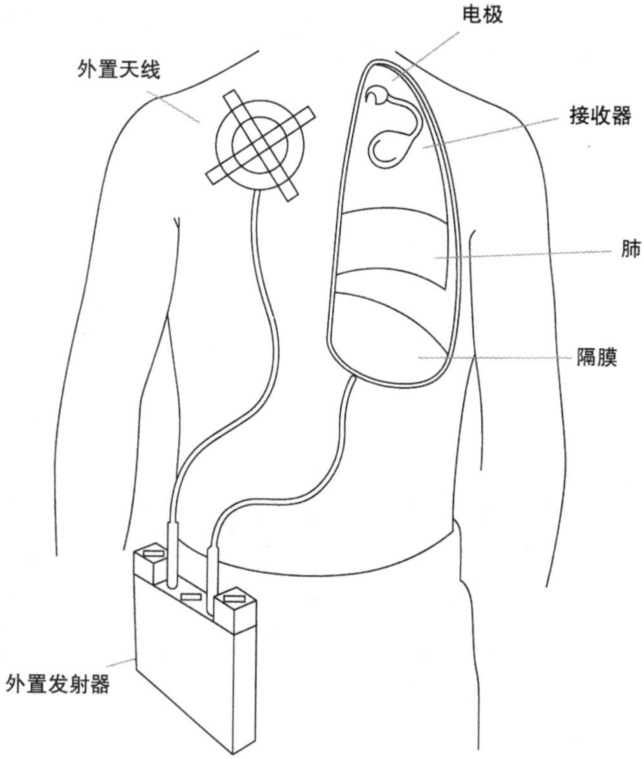

图 3. 5　Avery Biomedical Devices 的呼吸起搏器系统
（版权©Avery Biomedical Devices。经许可转载）

该发射器（见图 3. 6a）允许用户对呼吸频率在 6 ~ 30bmp 进行拨号，对于美国型号来说能够提供高达 10. 5mA 的刺激电流，对于欧盟型号来说是 13. 5mA。该发射器分别为左右侧集成了独立的电路和电池，因此如果一个电池没电，或一个电路出现故障，另一侧将继续工作。这种冗余保证在任何时候都能够起搏，以防止伤害甚至死亡。

发射器通过天线至接收线圈的电感耦合 RF 链路将电刺激模式发送到接收器（见图 3. 6b）。因为接收器不包含电池，它将 RF 信号转换成功率和电刺激脉冲。继而如果没有 RF 信号被接收，内部元器件是不通电的，也就不产生刺激。

植入的电极由高度灵活的不锈钢线制成，通过一个硅橡胶管绝缘，一端为铂神经接触，另一端为不锈钢阳型连接器，与接收器配合（见图 3. 7）。电极连接器的硅橡胶体有一个小的肋拱，它确保了与接收器连接器防护罩之间紧密结合，防止可能导致腐蚀的流体的侵入。电极和接收器的引线直接约为 0. 3mm，由 300

a)

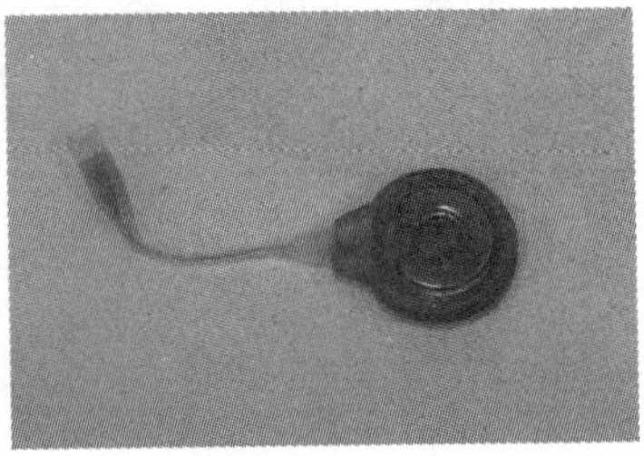

b)

图 3.6 呼吸起搏器系统
a）发射器 b）RF 接收器
（版权©Avery Biomedical Devices。经许可转载）

股不锈钢线制成。

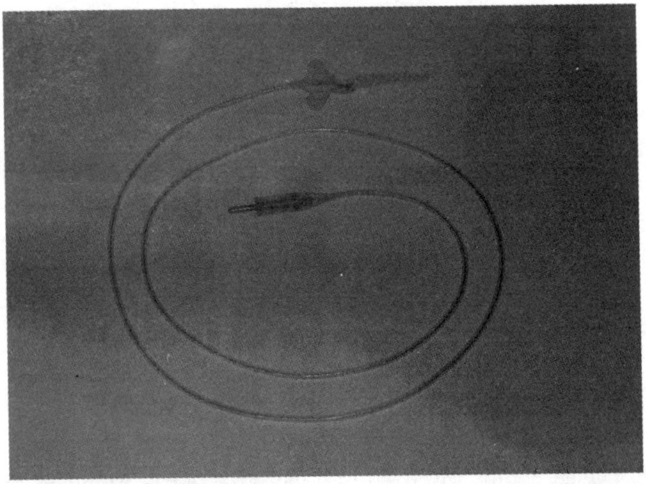

图 3.7 单极膈神经电极（版权©Avery Biomedical Devices。经许可转载）

3.4 Synapse Biomedical Inc. 的 NeuRx 隔膜起搏系统

NeuRx 隔膜起搏系统（DPS）为隔膜肌肉提供电刺激，导致隔膜收缩，在负压下将空气带入肺部。DPS 系统包含 4 个植入式 Permaloc 肌内电极，它们被插入到隔膜的肌肉中，一个参考电极被放置在皮肤下。来自电极的导线通过一个经皮电极连接器从皮肤中出来，该连接器插入到一个外部的四通道刺激器中（脉冲发生器）。在为肌肉运动点提供刺激的同时，NeuRx 外部脉冲发生器（见图 3.8）读取并显示和回路电阻有关的阻抗。“X”代表特定电路的断开。病人每分钟的呼吸被进行调整，直到达到自然频率和同步。刺激包括电容耦合的双相电流脉冲。NeuRx 电极在图 3.9 中示出。

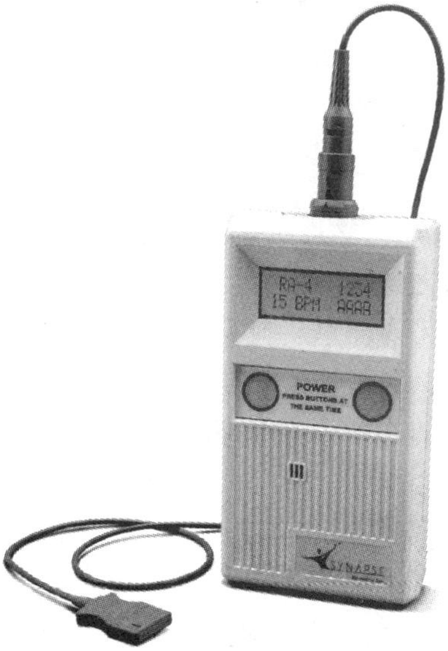

图 3.8　NeuRx 外部脉冲发生器（版权©Synapse Biomedical Inc. 经许可转载）

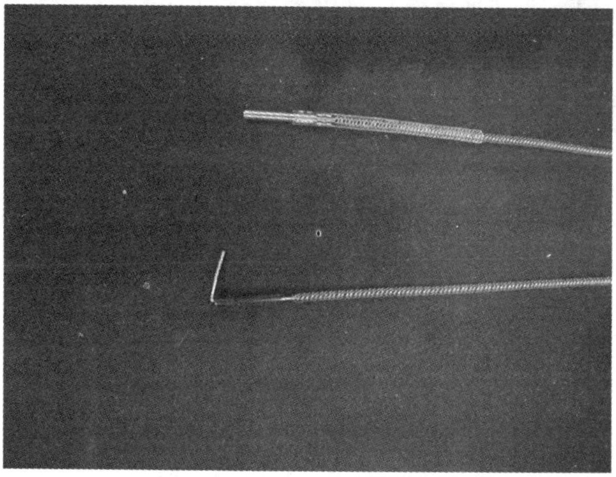

图 3.9　NeuRx 电极（版权©Synapse Biomedical Inc. 经许可转载）

参考文献

Blows, W.T., 2001. The Biological Basis of Nursing: Clinical Observation. Routledge, London.

第4章　葡萄糖生物传感器

4.1　简介

葡萄糖是由体内碳水化合物的消化衍生而来的糖，它被吸收到血液中，在整个身体内循环，由细胞转化为能量。血糖水平由胰岛素维持，胰岛素是胰腺内由胰岛分泌的一种调节激素，对于细胞从血液中摄取葡萄糖来说是必需的。葡萄糖由细胞代谢，为构成人体的生物系统的调节和平衡（体内平衡）提供必不可少的能量。

身体无法产生胰岛素将导致糖尿病。1 型糖尿病是自身免疫疾病，胰腺的胰岛细胞被破坏，引起胰岛素不足或无法产生，导致血液中的较高的葡萄糖浓度。当胰岛素被产生，却无法有效地“示意”细胞（抗胰岛素性）从血液中摄取葡萄糖时，发生 2 型糖尿病。这种形式的糖尿病通常是生活方式的选择所致，例如不良的饮食习惯和缺乏运动。

高浓度的血糖水平（高血糖）可以是致命的，因为细胞非常需要通常代谢成为能量的糖。相反，脂肪和蛋白质代谢生成的有毒物质在高水平下可能是致命的。因此，1 型糖尿病患者必须监视他们的血糖水平，一天内要“自注射”胰岛素，尤其是在吃饭或点心之前，以维持他们的血糖水平。在手指上扎刺取得的一小滴血被放在一个一次性的试纸上，然后将试纸插入到血糖仪内，给出单位为 mmol/L 或 mg/dL 的血糖浓度水平：

mmol/L 是指一升内分子的数量（毫摩尔/升）；

mg/dL 是指十分之一升内分子的质量（毫克/百毫升）；

其中 1mmol/L = 0.5555mg/dL，1mg/dL = 18.0mmol/L[⊖]。

根据世界卫生组织（WHO）的定义，高血糖为空腹（餐前）时血糖水平高于 7mmol/L（126mg/dL），饭后 2h（餐后）血糖水平高于 11.1mmol/L（200mg/dL）。有些人有高于正常范围的血糖水平，但低于糖尿病的高限，这被称为糖耐量受损（IGT），被认为是 2 型糖尿病的前身。WHO 已经确定 IGT 人群为那些餐后血糖水平高于 7.8mmol/L 但低于 11.1mmol/L 的人。国际上没有公认的对正常血糖水平下限的清晰定义，低于该限定时为低血糖。健康的人可以拥有低于平均

⊖ 此处原书有误，应为 1mmol/L = 18.0mg/dL，1mg/dL = 0.0555mol/L。——译者注

的血糖水平，而没有任何不利影响或疾病的症状，并且其影响可以随着年龄而变化。然而，血糖低于2mmol/L时可导致丧失知觉。

为了确定一个人是否具有糖尿病，通常会进行两项测试：空腹血糖受损（IFG），也称为糖尿病前期测试，其中葡萄糖水平在禁食8h后测量，以及IGT测试，在摄取已知浓度的葡萄糖后2h进行。不同组织之间用于推荐葡萄糖水平的准则各不相同，在表4.1～表4.4中进行了总结。尽管来自不同组织的推荐血糖浓度水平存在着差异，表4.1中WHO的推荐为糖尿病的检测提供了一个普遍接受的目标范围。

表4.1　WHO推荐的用于确诊糖尿病的目标血糖水平[WHO，2006]

饭前(餐前)/[mmol/L(mg/dL)]	饭后2h(餐后)/[mmol/L(mg/dL)]
≥7.0（126）	≥11.1（200）

表4.2　国际糖尿病联合会（IDF）对血糖水平的指导方针[IDF,2007]

	饭前(餐前)/[mmol/L(mg/dL)]	饭后2h(餐后)/[mmol/L(mg/dL)]
非糖尿病	4.4～6.1（82～110）	低于7.8（140）
2型	4.0～7.0（72～126）	低于8.5（153）
1型	4.0～7.0（72～126）	低于9（162）
具有1型糖尿病的儿童	4.0～8.0（72～144）	低于10（180）

表4.3　美国糖尿病协会（ADA）推荐的目标血糖水平[ADA，2013]

	饭前(餐前)/[mmol/L(mg/dL)]	饭后2h(餐后)/[mmol/L(mg/dL)]
非糖尿病	3.9～7.2（70～130）	低于10.0（180）①
2型	3.9～7.2（70～130）	低于10.0（180）①
1型	3.9～7.2（70～130）	低于10.0（180）①
具有1型糖尿病的儿童（0～6岁）	5.6～10（100～180）	6.2～11.1（110～200）②
具有1型糖尿病的儿童（6～12岁）	5.0～10.0（90～180）	5.6～10（100～180）②
具有1型糖尿病的儿童（13～19岁）	5.0～7.2（90～130）	5～8.3（90～150）②

① 对于许多患有糖尿病的非妊娠成人的血糖推荐总结。

② 按年龄划分的一型糖尿病的血浆血糖和A1C目标。

表4.4　美国国家卫生与保健研究所（NICE）推荐的目标血糖水平

（http：//www.diabetes.co.uk/diabetes_ care/blood－sugar－level－ranges.html）

	饭前(餐前)/[mmol/L(mg/dL)]	饭后2h(餐后)/[mmol/L(mg/dL)]
非糖尿病	4.0～5.9（70～106）	低于7.8（140）
2型	4.0～7.0（70～126）	低于8.5（153）
1型	4.0～7.0（70～126）	低于9.0（162）
具有1型糖尿病的儿童	4.0～8.0（70～144）	低于10.0（180）

血糖浓度可以通过放置在皮肤下（皮下）的传感器测量组织间液中的葡萄糖浓度而测得，组织间液是浸没和包围细胞的流体。一个更为直接和快捷的方法是在右心房结的大直径血管中放置一个传感器测得。纳米传感器技术提供了一个替代技术，其中含有荧光染料的纳米颗粒聚合物珠以纹身的方式被注射到皮肤下。通过将该纹身暴露于光源下，荧光水平指示出皮肤下组织间液中的葡萄糖浓度。

葡萄糖生物传感器主要被用于检测血液中的葡萄糖浓度水平，它包含一个耦合到转导器上的生物器件。生物传感通常使用光学或电化学方法进行，产生一个电信号，该信号被转导器转换成一个可测量的量，该量可以指示血液中的葡萄糖浓度。电化学传感通常涉及一个使用催化剂的化学反应，而光学感测依赖于葡萄糖对一个特定波长的光的吸收特性，如红外线。第一个葡萄糖酶电极是由 Clark 和 Lyons（1962 年）开发的。

4.2 安培葡萄糖传感器

安培葡萄糖传感器是酶电化学传感器，其中测量过程依赖于葡萄糖的催化氧化，利用酶产生过氧化氢。随后的过氧化氢的电化学还原产生一个可测量的电流，该电流与血液样品中的葡萄糖浓度成正比。葡萄糖对氧的摄入也间接地正比于葡萄糖浓度，因此使用电流敏感的电极测量相对剩余的氧也为葡萄糖浓度提供了一定指示。尽管其他酶如葡萄糖脱水酶和辣根过氧化物酶也曾被使用，但最常用的酶为葡萄糖氧化酶。

4.2.1 基于过氧化氢测量的葡萄糖探测器

图 4.1 示出了安培传感器的原理，它具有一个外渗透膜，允许氧扩散至葡萄糖传感器。通过使外膜对氧高度渗透，对葡萄糖相对低的渗透，任何通过膜扩散到酶层的葡萄糖都会立刻被酶氧化。因此，氧化速率由穿过膜的葡萄糖浓度梯度所决定。工作电极的表面涂覆有葡萄糖氧化酶，它作为催化剂将葡萄糖转化为葡萄糖酸回传到血液中：

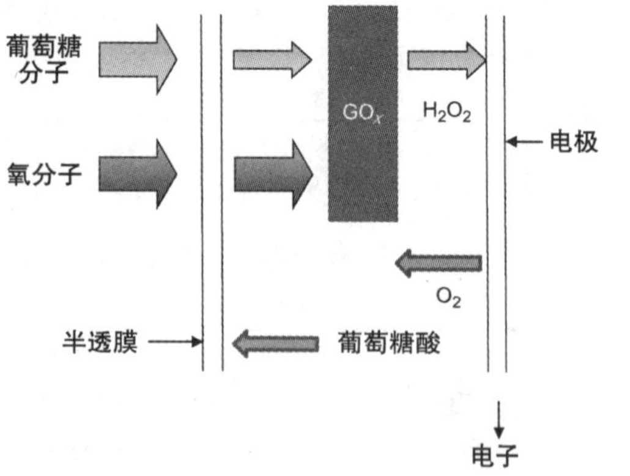

图 4.1　酶基安培葡萄糖传感器

$$\text{葡萄糖} + GO_{x\text{氧化}} \rightarrow \text{葡萄糖酸} + GO_{x(\text{还原})} \tag{4.1}$$

被还原的酶随后与氧气发生反应被氧化，形成过氧化氢：

$$GO_{x(还原)} + O_2 \rightarrow GO_{x(氧化)} + H_2O_2 \quad (4.2)$$

式（4.1）和式（4.2）可以被合并为

$$葡萄糖 + O_2 \xrightarrow{GO_x} 葡萄糖酸 + H_2O_2 \quad (4.3)$$

使用铂制得的工作电极，将标准电极电位偏置在约 0.7V，过氧化氢将发生电化学氧化，产生正比于葡萄糖浓度的可测量的电流：

$$H_2O_2 \rightarrow 2H^+ + O_2 + 2e^- \quad (4.4)$$

被氧化的酶将被还原，接着被氧再生，以完成催化的还原 - 氧化（氧化还原）周期。然而酶是溶于水的蛋白质，因此当酶被与反应物和产物混合时，它将开始溶解或从反应中扩散出来，导致其催化活性上的降低。通过将酶固定到一个称为聚合物基质的不溶性刚性结构上，酶被有效地与反应混合物分离，使得催化反应在固定化酶层内发生。这不仅有助于酶的可重用性，还提高了传感器的灵敏度、线性和稳定性。结合固定化酶层也被称为“wired - enzyme”系统。用于固定酶的技术主要包括：

吸附——溶解的分子以弱结合的方式吸附于固体表面的物体过程。

包埋——酶被困在一个聚合的多孔凝胶晶格或基质中的物理过程，该基质也被称为溶胶 - 凝胶或复合水凝胶膜。

共价键结合——引入强结合的官能团和支撑基质的化学过程。

交联——利用吸附或包埋使酶之间共价结合以形成一个无需支撑的聚合酶，或酶分子与固体支撑发生交联形成共价键的化学过程。

另一个被广泛使用的包埋方法依赖于酶在导电聚合物如聚吡咯（ppy）和聚苯胺中的电化学固定。导电聚合物在一个一步法电聚合过程中制得，其中导电聚合物被电化学沉积到具有包埋在膜中的酶的传感电极的表面。导电聚合物提供了良好的稳定性、导电性和相对较大的表面积，并且很容易被氧化。

图 4.2 示出酶催化周期，其中酶催化反应发生在固定的导电聚合物层中，产生过氧化氢。铂/ppy 电极作为催化剂电化学氧化过氧化氢，在传感电极中产生电子流。

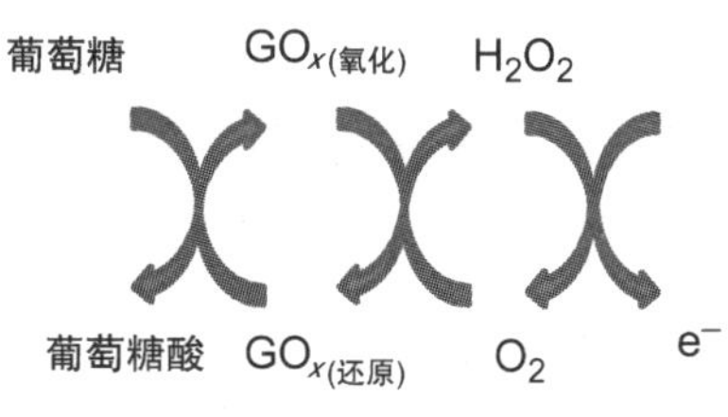

图 4.2　葡萄糖氧化的酶催化周期

4.2.2　基于氧测量的葡萄糖探测器

有效地测量氧需要两个传感器：第一个具有用于产生与摄取的氧相关的电流的酶涂覆电极；第二个传感器具有参比电极（无酶），用于有效地测量氧的背景水平。两个电极测量的电流之间的区别指示出葡萄糖浓度。

涂有葡萄糖氧化酶的氧电极促进了氧和葡萄糖之间的催化反应：

$$葡萄糖 + O_2 \xrightarrow{GO_x} 葡萄糖酸 + H_2O_2$$

将铂工作电极相对参比电极偏置为负极（0.6～0.7V），氧被还原，导致可测的电流：

$$O_2 + 4H^+ + 4e^- \rightarrow 2H_2O \tag{4.5}$$

在所有利用的传感器类型中，将葡萄糖氧化酶暴露于过氧化氢都会导致葡萄糖氧化酶的失活，降低传感器的灵敏度。因为氧检测型传感器中的电化学测量没有使用过氧化氢，可以利用一些方法减少酶附近的过氧化氢水平。通过引入过氧化氢酶 CAT，将催化过氧化氢向水和氧的转化，最小化向过氧化氢的暴露，提高传感器的稳定性：

$$2H_2O_2 \xrightarrow{CAT} 2H_2O + O_2 \tag{4.6}$$

GO_x 和 CAT 均为共固定化的。

4.3 葡萄糖的恒电位仪测量

如图 4.3 所示，恒电势电路通常被用于设定工作电极电压，并测量安培葡萄糖生物传感器中产生的电流。该恒电势器有 3 个电极：对电极（CE）、参比电极（RE）和工作电极（WE），也被称为感测电极。放大器具有大的增益和高的输入阻抗，使得几乎没有电流流入输入引脚，并且输入引脚之间的电势差几乎为 0V。施加到“+”引脚上的电压 V_{in} 将导致元件内产生从 CE 到 WE 的输出电流，使得 RE 和 WE 之间产生的电势差与施加到“+”引脚上的电势差相同，从而保持输入引脚之间的 0V 电势差。

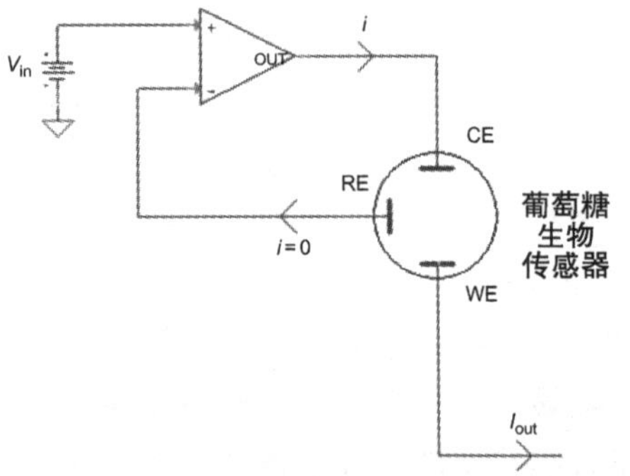

图 4.3 使用恒电势电路的葡萄糖安培测量

图 4.4 示出了一个测量电极电流的典型系统的框图。电压发生器产生方波或

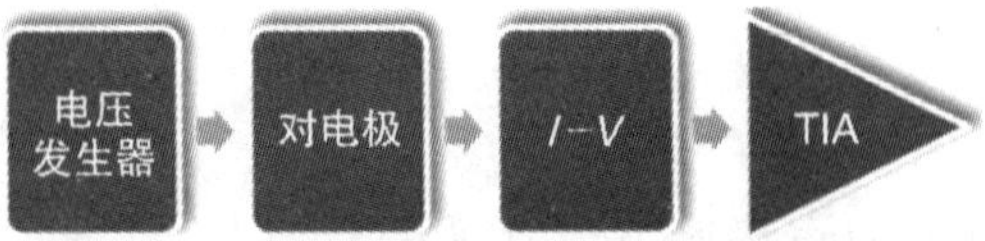

图 4.4 测量传感器系统的框图

脉冲波，施加在 CE 上，在 CE 和 RE 之间设置一个电势差。电流向电压的转换通常通过使用一个跨阻放大器（TIA）实现。

4.4　下一代葡萄糖传感器

第一代葡萄糖传感器使用氧作为中介，以电子受体的形式将电子从活性酶输送到电极表面，产生电流。在第二代葡萄糖传感器中，氧化还原剂被作为中介，将电子输送到电极表面。

其他的葡萄糖传感器包括生物阻抗和光学葡萄糖传感器。生物阻抗葡萄糖传感器依赖于对蛋白质和酶的阻抗变化的监测。一些蛋白质表现出的静电荷或偶极，在蛋白质分子（目标分子）与植入电极表面上的受体分子结合时会发生变化。光学葡萄糖使用近红外（NIR）光谱确定血液中的葡萄糖浓度，它依靠血液中葡萄糖的光吸收特性。激光二极管在 NIR 区域内发射光，该光线被照射通过血液样品。没有被血液吸收的光谱被光敏二极管检测器获得，指示出血液中葡萄糖的浓度。接收的光水平上的降低和特定波长上光吸收的增加表明血液中葡萄糖浓度上的增加。NIR 血液吸收和葡萄糖浓度之间的关系是非线性的。

图 4.5 示出了光学葡萄糖传感器的框图，其中光学传感器的输出包括许多发光二极管（LED）的电流，每个代表 NIR 的一个特定波长。再被利用一个简单的电阻器或 TIA 转换成电压之前，这些电流被通过一个电流分流器，这具有提供受控的增益的好处。输出电压代表了哪些 NIR 波长通过了血液样品的信息，更重要的是，代表了哪些波长因为血液中的葡萄糖浓度而被吸收。

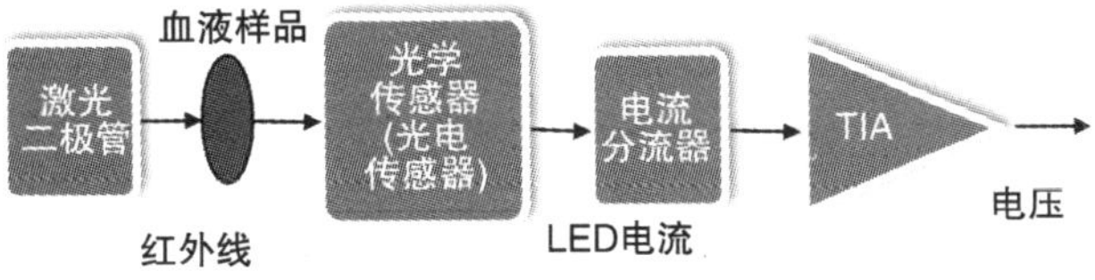

图 4.5　光学葡萄糖传感器的框图

另一种测量血液中葡萄糖浓度的方法是将传感器放置在心脏的右心房结的大直径血管中（Medical Research Group Inc.），这种做法具有最小的形成血块儿的风险，或对正常的动脉血流的最小的干扰，可以给出更为直接和快捷的测量。

纳米传感器为植入式葡萄糖检测系统提供了一个替代技术，其中纳米传感器被以纹身的方式注入到皮肤内。通过红外光下的纹身荧光检测血液葡萄糖水平的提高，表明可能的胰岛素缺乏（Charles Stark Draper Laboratory, Inc.）。

4.5 GlySens 的植入式葡萄糖传感器

来自 GlySens 的植入式葡萄糖传感器是一个长期植入物，可持续 1 年以上，且不需要连续校准。该植入物包含一个集成式葡萄糖传感器，具有信号调制电路、一个无线遥测电路和一个 1 年寿命的电池，所有元器件都密封在一个钛外壳内（见图 4.6）。无线射频（RF）连接与外部接收器通信，提供连续的葡萄糖检测。

该葡萄糖传感器是基于氧检测的安培葡萄糖传感器。该氧传感器结合了双酶电极技术，将葡萄糖氧化酶和过氧化氢酶同时固定在一个交联的蛋白质凝胶中。过氧化氢酶减少了葡萄糖氧化酶在过氧化氢存在时的失活，提高了传感器的稳定性和有效寿命。参比氧传感器不含有酶。

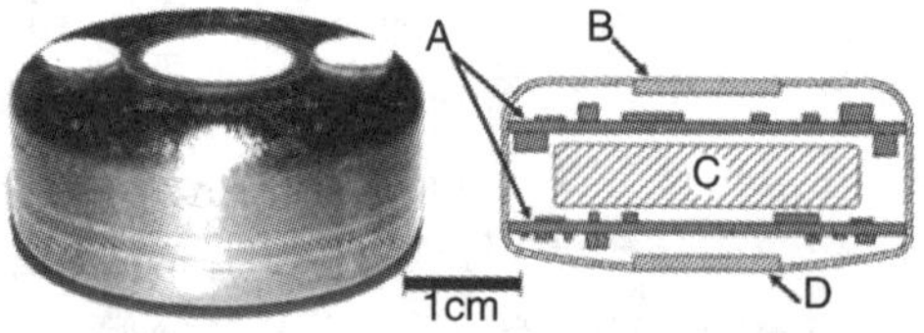

图 4.6 植入式 GlySens 葡萄糖传感器。剖视图显示出电子模块（A）、遥测发送端口（B）、电池（C）和传感器阵列（D）[Gough等人，2010]（经许可转载）

一个集成的三电极恒电势电路被用于建立工作电极的电压，并测量两个氧传感器之间的差动电流。传感器阵列包括 4 个铂工作电极 - 对电极对和一个 Ag/AgCl 参比电极，被微加工在一个直径为 12mm 的铝盘的表面上。通过使用戊二醛，酶与白蛋白被交联固定到一个凝胶内，并覆盖一层聚二甲基硅氧烷的保护型半透膜，减少来自不需要的分子的干扰。

4.6 植入式连续葡萄糖监测，GlySens

GlySens 的下一代葡萄糖传感器是植入式连续葡萄糖监测（Implantable Continuous Glucose Monitoring，ICGM）系统（见图 4.7），该系统含有一个植入的葡萄糖传感器，该传感器与外部接收器和显示器通过一个无线 RF 连接，提供连续的葡萄糖测量。该显示器提供葡萄糖水平的数字读出和图像显示，以提醒用户低血糖和高血糖水平。该植入传感器是长期植入物，持续一年以上，

图 4.7 来自 GlySens 的 ICGM 系统（版权©GlySens。经许可转载）

并且不需要连续的校准。ICGM 基于前面描述的葡萄糖传感器（4.5 节），包含多个铂工作电极-对电极对以及安培葡萄糖和氧传感器，利用了双酶（葡萄糖氧化酶和过氧化氢酶）电极技术。

4.7 GlucoChip、PositiveID Corporation 和 Receptors LLC

GlucoChip 系统设计（见图 4.8）包含一个皮下植入的葡萄糖生物传感器，该传感器被嵌入到一个与组织间液接触的 RFID 微芯片中。该生物传感器使用一种合成材料和一个质量敏感的葡萄糖-信号转换器，以确定血液中的葡萄糖浓度，并提供一个实时（小于5min）的葡萄糖值和葡萄糖浓度变化的方向指示。GlucoChip 系统还将根据图 4.9 中的葡萄糖响应曲线提供定义的葡萄糖低限、安全和高限的指示。葡萄糖浓度水平的数字读出以及病人的信息如身份、年龄、体重、身高等也可以被提供。一个外部转发器通过一个电感耦合 RF 连接为 GlucoChip 提供电源和数据通信。

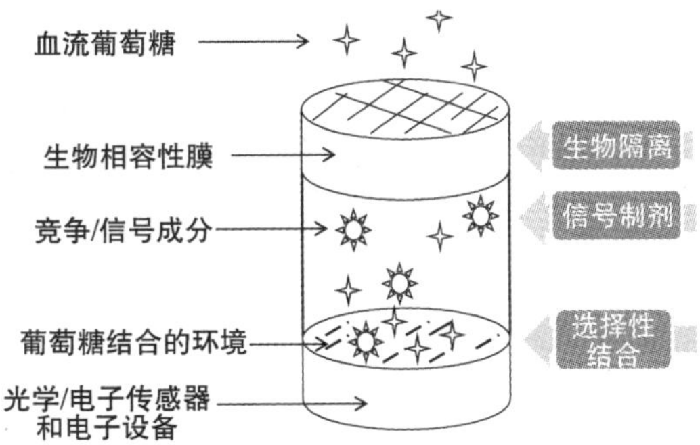

图 4.8 GlucoChip 葡萄糖生物传感器设计（版权© PositiveID Corporation 和 Receptors LLC. 经许可转载）

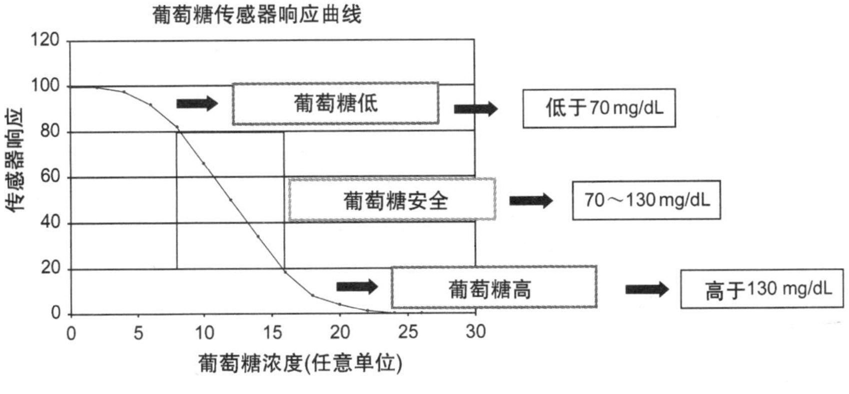

图 4.9 包含葡萄糖水平定义极限的葡萄糖响应曲线 [Thomas和Carlson, 2011]（经许可转载）

该葡萄糖传感器基于一个合成竞争式测定原理，其中分析物（葡萄糖分子）与一个竞争的结合环境在竞争信号组分上争夺结合位点。

图 4.10 中显示的竞争式结合环境为固定化的单糖模拟（iDIOL），竞争试剂/信号组分为树枝状聚合物-硼酸（DBA），所有这些都争夺相同的羟基（iDI-

OL-OH）结合位点。然而相比对 iDIOL 的亲和力，DBA 竞争者具有更高的葡萄糖亲和力，这将导致 iDIOL 表面上 DBA 分子的净替换或平衡替换。

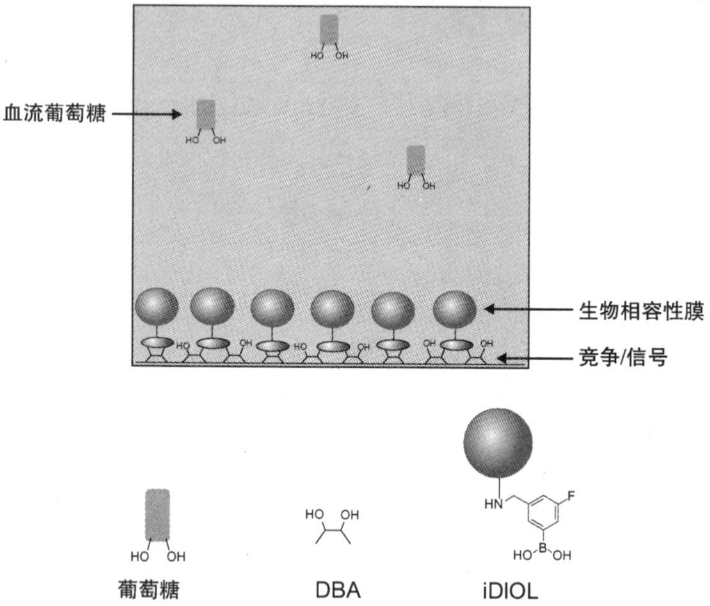

图 4.10 三组分竞争结合环境[Thomas等人, 2011]（经许可转载）

如图 4.11 所示，当葡萄糖浓度较低时，DBA: iDIOL 对与葡萄糖分子之间的相互竞争作用较小。随着葡萄糖分子浓度的提高，因为 DBA 分子对葡萄糖分子的亲和力大于它们对 iDIOL 的亲和力，DBA 分子被从 DBA: iDIOL 对上替换掉。一个基于共振频率检测并因此对 DBA 分子的获得或损失敏感的 MEMS 悬臂机制检测 iDIOL 表面上的质量变化，产生一个成比例的电信号，该信号被发送到外部的转发器。

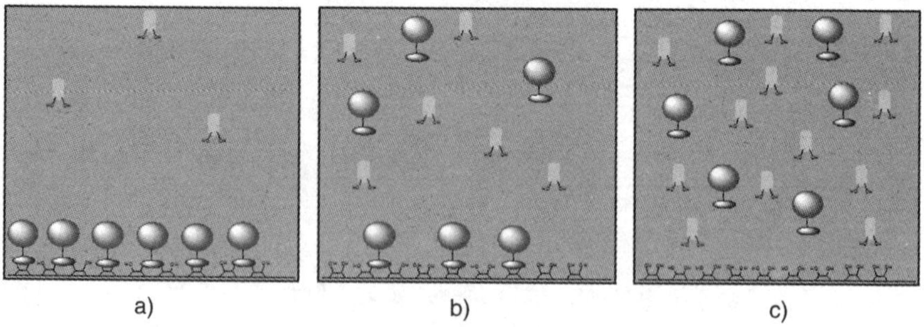

图 4.11 指示性的葡萄糖相互作用

a）低浓度 b）安全浓度 c）高浓度[Thomas等人, 2011]（经许可转载）

图 4.12 显示了圆柱形葡萄糖生物传感器的结构设计。圆柱的顶部由包含可渗透选择性膜和葡萄糖结合环境的感测室组成。圆柱的底部包含电子传感器、检

测响应葡萄糖浓度的电流以及以无线方式发送数据的 RFID 电路和天线线圈。

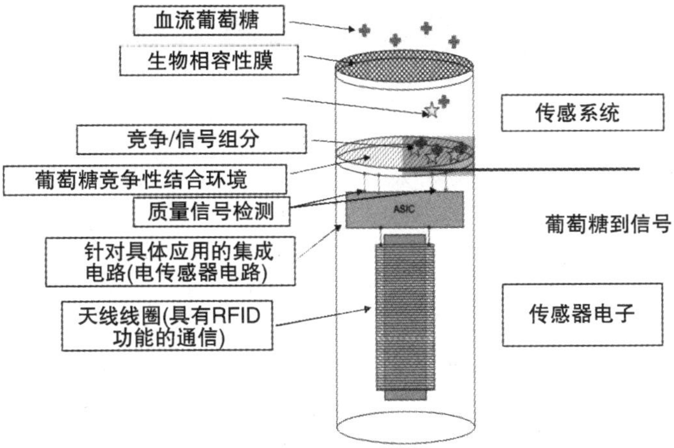

图 4.12 GlucoChip 葡萄糖生物传感器设计的组件 [Carlson等人, 2007] (经许可转载)

参考文献

ADA, 2013. American Diabetes Association: Standards of medical care in diabetes 2013 (Position Statement). Diabetes Care 36, S11–S66. Available from: http://dx.doi.org/doi:10.2337/dc13-S011.

Carlson, R.E., Silverman, S.E., Mejia, Z., 2011. White Paper, Development of the Sensing System for an Implantable Glucose Sensor. Retrieved from PositiveID Corp: http://www.positiveidcorp.com/files/Glucose-Sensor.pdf.

Carlson, R.E., Silverman, S., Meija, Z., 2007. White Paper. Development of an Implantable Glucose Sensor. Retrieved from: http://www.positiveidcorp.com/files/Glucose-Sensor.pdf.

Clark, L.J., Lyons, C., 1962. Electrode systems for continuous monitoring in cardiovascular surgery. Ann. N. Y. Acad. Sci. 102, 29–45.

Gough, D.A., Kumosa, L.S., Routh, T.L., Lin, J.T., Lucisano, J.Y., 2010. Function of an implanted tissue glucose sensor for more than 1 year in animals. Sci. Transl. Med. 2, 42ra53.

IDF, 2007. Guidelines for Management of Postmeal Glucose. International Diabetes Federation (IDF), ISBN 2-930229-48-9. Available from: http://www.idf.org/webdata/docs/Guideline-PMG-final.pdf.

Thomas, C., Roska, R.L.W., Carlson, R.E., 2011. Development of a Synthetic, Closed-Cycle Sensing System for an Implanted Glucose Sensor. 11th Annual Diabetes Technology Meeting.

Thomas, R., Carlson, R., 2011. White Paper. Development of the Sensing System for an Implantable Glucose Sensor. Retrieved from: http://www.positiveidcorp.com/files/Glucose-Sensor.pdf.

WHO, 2006. Definition and Diagnosis of Diabetes Mellitus and Intermediate Hyperglycemia. Report of a WHO/IDF Consultation. World Health Organization, ISBN 92 4 159493 4 (NLM classification: WK 810): ISBN 978 92 4 159493 6.

第 5 章　耳蜗植入物

5.1　简介

人耳中涉及听力的解剖结构包括外耳、中耳和内耳。构成外耳结构的耳垂有助于将声音“引导”到中耳，中耳包含三块儿小骨：锤骨（malleus）、砧骨（incus）和镫骨（stapes），全部机械地连接在一起（见图 5.1）。声压引起的鼓膜移位推动锤骨，锤骨敲击砧骨，砧骨引起镫骨挤压内耳的卵圆窗，这一切均与外界的声音一致。物理上的耦合就像一个杠杆，有效地放大了小的噪声水平，将声压的变化转变成中间空气的机械振动。内耳，也被称为耳蜗，是一个螺旋的“蜗牛”形状的骨腔结构，延其轴线盘旋刚好超过两周，充满着被称为外淋巴液的流体。镫骨施加在卵圆窗上的机械振动引起耳蜗或内耳流体中的运动声波。

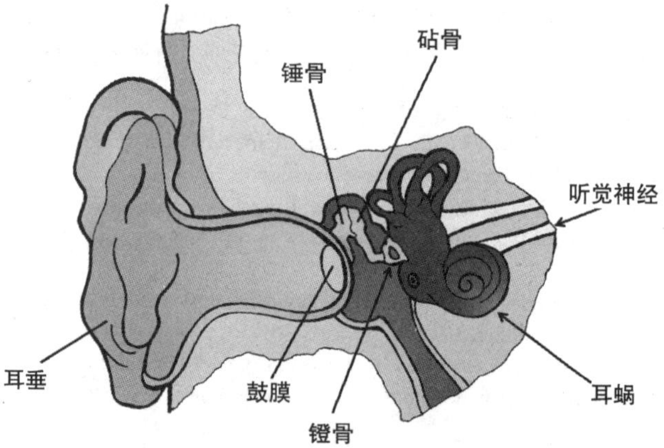

图 5.1　涉及听力的人耳结构特征

如图 5.2 所示，耳蜗的横截面揭示了 3 个腔室或管道：前庭阶、鼓阶和中阶。鼓阶和中阶之间为基底膜，其上为被称为螺旋器的结构。螺旋器上的四排感觉毛细胞随着流体中的行波振动，并随后顺沿着基底膜。这些毛细胞由附着在覆膜上的纤毛构成，使得覆膜在声波的驱动下前进和后退。毛细胞的内排随着行波的最大值和最小值发生弯曲，导致离子流流进和流出它们各自的细胞膜，在听觉神经细胞内产生动作电位。毛细胞的外部 3 个感觉排由外毛细胞所占据，这些细胞不对听觉神经产生刺激，而是在应对行声波时发生形状变化。人们认为，通过机械地放大低强度的声级，它们有助于沿着基底膜上的点选择性地调谐频率。

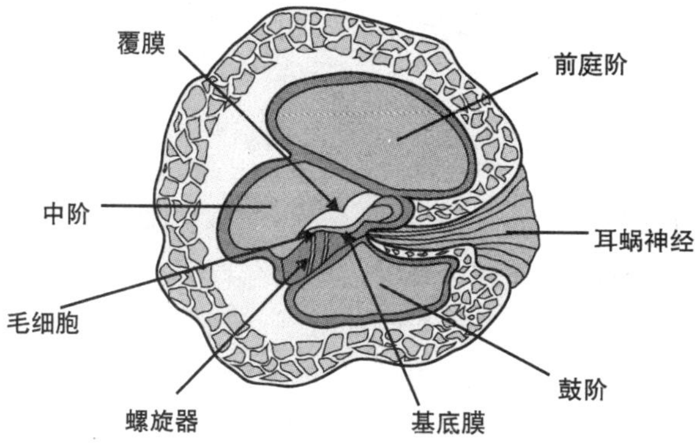

图 5.2　耳蜗的截面图

贯穿整个耳蜗的基底膜具有这样的结构，它最初在最靠近中耳的卵圆窗的底部窄而厚，然后宽度减少，厚度增加㊀，在螺旋圈结构的中心顶点处变得更具刚性。外耳接收的声波在中耳中被转换成机械振动，在耳蜗的流体中产生压力波，引起基底膜振动，沿着其长度产生谐振驻波，其中沿着膜上的位移大小取决于接收的音频频率。

因为膜的解剖结构和形状，膜的不同部分对不同的频率作出响应。顶点的宽薄的膜在经受低频驻波时振幅最大，而窄厚的基部在高频时发生谐振。总体而言，该膜结构产生了一个频率选择性膜，使得该膜有效地将进入的声波分解成不同的频率。该膜的频率响应本质上是成指数的，也被称为音质响应。图 5.3 示出

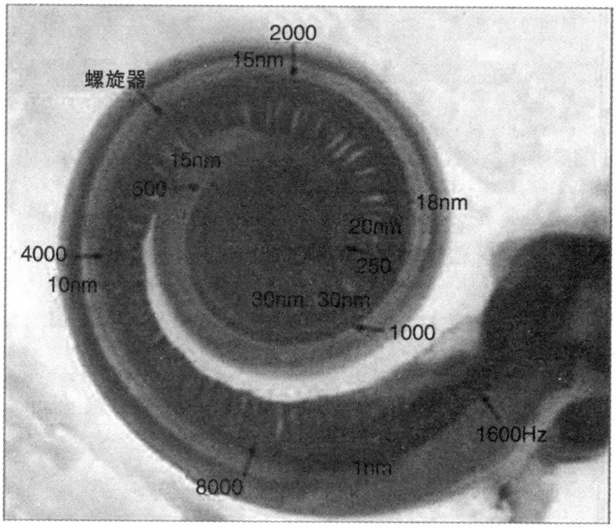

图 5.3　耳蜗的音质安排（版权©MED－EL。经许可转载）

㊀ 此处原书有误，应为“宽度增加，厚度减少”。——译者注

了耳蜗的音质安排，显示出向基底膜的尖端由高到低的频率响应。

5.2 听觉受损类型

听力受损可以是传导性的、感觉神经性的，或者两者的组合。传导性听力受损发生在声音不能从外耳传递到内耳时，随着年龄增长（老年性耳聋），声波从外耳到内耳的传输由于一些因素的影响而减退，如鼓膜失去部分弹性和中耳的骨头失去部分移动性，在行动中变得更硬。一个常见的原因被称为耳硬化症，其中镫骨附近的异常骨骼生长变厚，限制了镫骨的移动。

感觉神经性耳聋主要涉及内耳中的感觉毛细胞损伤或听觉神经损伤。这些损伤可以是年龄相关的，或者由感染相关的条件所诱导，例如脑膜炎、先天性畸形，或因为长时间暴露于很响的噪声所导致的听觉损伤。很响的噪声在覆膜上产生非常大的剪切力，导致毛细胞的部分或永久性损伤，而毛细胞是不可替换的。

5.3 耳蜗植入物

耳蜗植入物被开发以帮助因损伤而患有部分或深度耳聋的人群，其损伤是由受伤所致，或由年龄相关或诱导的条件所致。人耳包括外耳、中耳和内耳，它们一起有效地耦合并将声波转换成电刺激，大脑将这些刺激作为声音进行处理和感知。内耳中感觉毛细胞发生振动以响应声波，这导致在听觉神经中产生电刺激。然而如果感觉毛细胞受损或失去功能，则可能导致耳聋。耳蜗植入物通过在内耳中插入一个电极阵列而有效地绕过感觉毛细胞，直接刺激听觉神经，对来自置于耳外的传声器的音频信号发出响应。

5.4 耳蜗电极阵列

插入到耳蜗中的电极被设计为无损伤的，在插入时对耳蜗的精细结构造成最小的创伤，因为电极的尺寸和形状直接影响着观察到的创伤的发生率[Rebscher等人，2008]。通过访问位于鼓阶的顶点处的低频率神经元而扩大神经元的范围，需要一定的电极插入深度，创伤的风险可能随着这一深度的增大而增加。插入深度可以为耳蜗匝数，或以圆窗的耳蜗基部为起点，直至最尖端的插入电极接触的旋转角度。

电极插入通常通过圆窗，不过在一些情况中会进行耳蜗造口术，电极通过耳蜗的底转上钻开的小孔被插入。在任一方法中，插入的电极均被设计成沿着鼓阶的弯曲通道。直电极，也被称为侧电极，往往沿着耳蜗的外壁曲率，而预制弯曲的围蜗轴电极被设计成沿着耳蜗的内壁曲率，神经细胞主要在那里分布。将电极的接触放在神经细胞的附近能够有效地降低刺激阈值电流以及电极之间的电场电位扩散，造成离散频率感知上的潜在提升。

5.5　语音编码

语音处理依赖于与基底膜区域相关的声音的感知，由此引出听觉神经内的神经响应，这被传送到大脑中更高的中心，在那里被解码作为声音被感知。因此，语音处理可以被分离成听觉神经中产生的电信号在空间上和时间上的编码。空间编码由沿着基底膜放置的电极的相对位置提供，时间编码由刺激脉冲的相对时机或刺激的速率提供。电极的数目越大，可以处理的频率的分辨率越高。放置在膜的基端的电极将针对高频率声音进行刺激，而放置在膜的顶点的电极将针对低频率声音进行刺激。

人的听力可以对不同范围的声音进行感知，从最微弱的定义为 0dB 的声音，到通常为 20dB 的轻声低语，到震耳的 140dB 的摇滚音乐。这为人耳提供了 120dB 的输入动态范围（IDR）。相比较而言，正常的语音被认为在 40 ~60dB。为了有资格获得一个耳蜗植入物装置，患者必须双耳均为重度耳聋，测量的听力损失为 90dB 或以上。

5.6　耳蜗植入系统

现代耳蜗植入物系统包含一个外置传声器、一个语音处理器、一个 RF 数据发送器、内部接收器和刺激器以及一个电极阵列，被利用手术从耳后的一个小切口，通过圆窗或卵圆窗插入到耳蜗里。该电极阵列包含捆绑在一起的不同长度的细线，被插入到鼓阶管，从而使暴露的线的尖端最终被定位在基底膜的旁边，彼此间保持相对的距离。

为了对单个电极相对特定频率进行映射，现代耳蜗植入物利用了语音编码策略，将外部语音信号的频带进行分离，将这些频带的频谱内容分析成幅度 - 调制的双相脉冲串，直接或间接地激活刺激电极。图 5.4 示出了许多语音编码策略中使用到的一些主要处理模块。

在语音中，更高的频率为语音提供了可理解性，但与语音中的低频率成分相比，它们具有较低的声音强度。耳蜗植入系统中的传声器电路的特性使得它们在高频时表现出比低频更高的增益，这为音频信号的高频部分提供了预先强调。

自动增益控制（AGC）将语音的声级保持在预定的限度以内，并且通常基于一个压缩放大器，在声音强度提高时降低增益（压缩），从而保持了信号包络

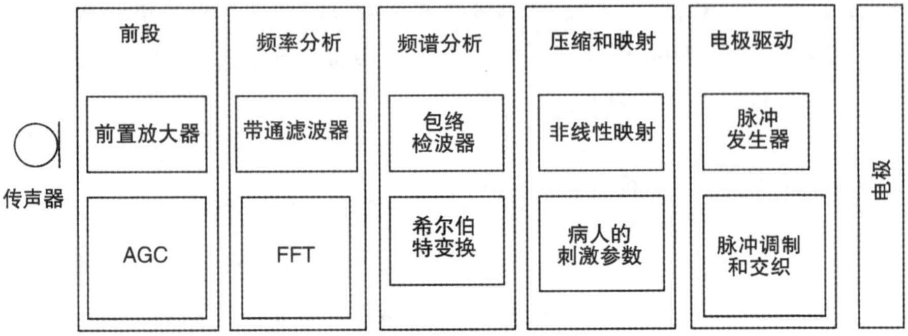

图 5.4　应用于许多语音编码策略的主要处理模块

和频谱内容。

通过对信号使用过滤器或应用快速傅里叶变换（FFT），语音信号被分离成频带，也被称为通道。包络检测器确定信号的幅度，这通常通过一个二极管整流器，随后由低通进行过滤完成，或通过应用希尔伯特变换到经滤波的带通信号。

刺激的动态范围取决于患者所测量的一个几乎检测不到的声级和一个较响的声音的最大舒适水平之间的阈值水平。随后，包络检测器的输出被压缩以映射患者的植入物动态范围。压缩函数是非线性的，通常通过对数或幂函数实现。

刺激脉冲包括如图 5.5 所示的双相脉冲，其中启动神经响应的负相脉冲由正相脉冲实现电荷平衡。通过在脉冲串的相之间引入一个适当的延迟，脉冲间充电延迟有助于最小化负向诱发反应的影响。然而，同时的电极刺激将引起相邻电极之间的电场的相互作用，导致在电极之间产生不希望的电流，该电流能够扭曲或减少耳蜗植入物的时间光谱分辨率。因此，许多语音编码技术，例如连续交替取样（Continuous Interleaved Sampling，CIS）、高级组合编码器（Advanced Combinational Encoder，ACE）、谱封提取（Spectral Peak Extraction，SPEAK）和 HiRes 被开发出来以将这种影响控制在最低。

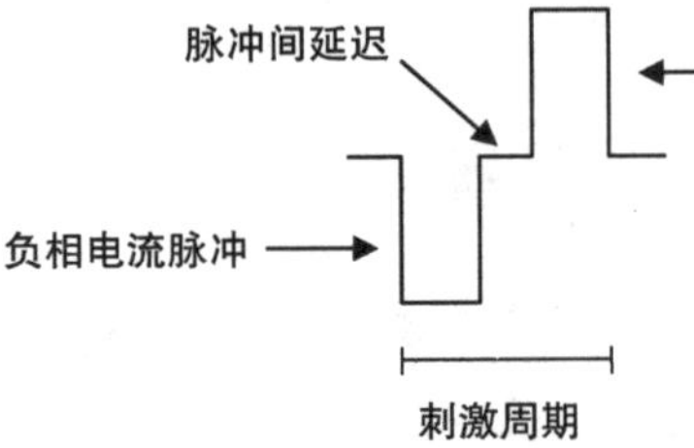

图 5.5　双相刺激脉冲

来自单个电极的刺激会在基底膜上的电极位点上引起一个与感知音调相关的响应。如果两个相邻的电极被刺激，感知音调将介于两个单独电极所感知的两个音调之间，从而产生了一个虚拟通道。通过改变一对电极之间的电流的大小的比值，或者通过改变一对电极之间的刺激速率的比值，可以在电极对的位点之间感知一个中间的音调。实际上，刺激位点的数量可以通过虚拟通道而提高，而不是增加电极的数量，后者有着实际应用上的限制。

5.7　CIS

CIS 通过对每个通道保持一个恒定的刺激速率，并且交织双相刺激脉冲，减少了相邻电极之间的电流相互作用的问题。非重叠的双相脉冲串轮流对每个电极进行刺激，将重叠电场的相互作用最小化，因此对相邻电极之间的电流的相互作用最小化。

图 5.6 示出了一个 CIS 系统的框图，其中语音信号被带通滤波成多个子带，然后每个子带信号被整流并低通滤波，以提取时间包络。非线性映射块被定制为用户预测的动态范围，得到的时间包络被用于对一个交织双向脉冲串以恒定的速度进行振幅调制，这随后成为施加到听觉神经上的刺激。对于 CIS 来说，一个典型的刺激速率为每通道 1500 脉冲/s。CIS 的一个变体包含 HiRes，它使用了通常介于每通道 1500 ~1900 脉冲/s 的高脉冲速率。

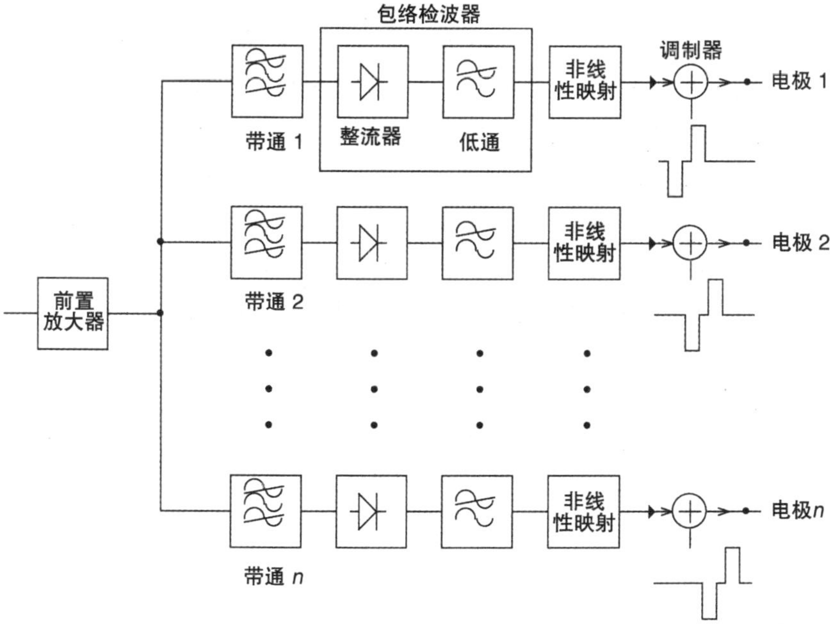

图 5.6　一个基于 CIS 的耳蜗植入物系统

5.8　HiRes120

这是一个使用 16 - 电极阵列，产生 15 个电极对，并利用电流转向创造最多 120 个刺激位点的软件算法。在每个电极对之间可以设置 8 个成比例的电流比值，给出总共 120 个虚拟通道。图 5.7 显示了 HiRes120 语音编码策略的框图。

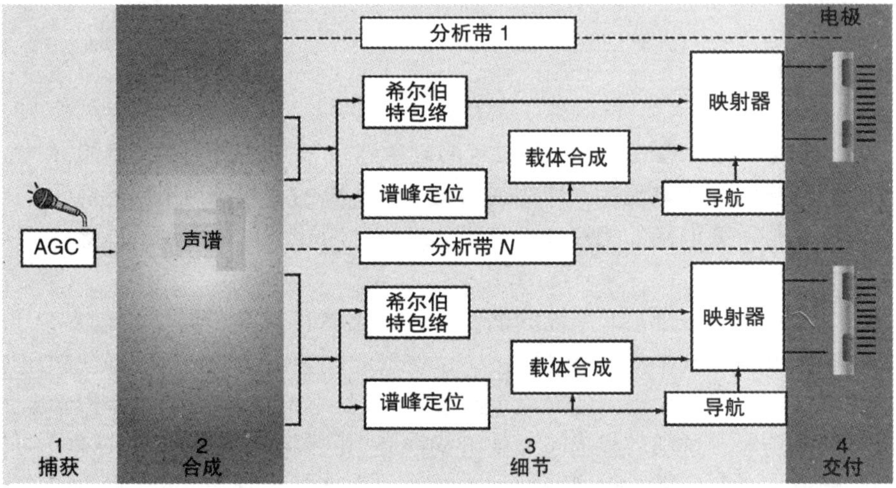

图 5.7　HiRes120 的框图

来自外部传声器的声音被利用一个 A－D 转换器进行取样，产生一个数字音频流，该流被利用一个 256－点 FFT 转换成频域，随后被分离进入 15 个单独的通道。在使用 HiRes120 时，时间和频谱分析是平行进行的。时间分析利用希尔伯特变换，而导航确定每个电极对的频谱最大幅度。然后频谱最大值发生的频率被用于确定刺激的速率以及电极对之间的相对电流比值，从而有效地对刺激电流进行导向，在电极对中创造一个虚拟通道。

5.9　Advanced Bionics™的 lifestyle™耳蜗植入系统

图 5.8 示出了包含 Naída CI Q70 声音处理器和 HiRes90K 耳蜗植入物的 lifestyle™耳蜗植入系统。该处理器可以使用 HiRes120 和其改性节电版本 HiRes Optima

a)　b)

图 5.8　包含 a）Naída CI Q70 声音处理器和 b）HiRes90K 耳蜗植入物的 lifestyle™耳蜗植入系统（版权© Advanced Bionics。经许可转载）

语音处理策略。Neptune 声音处理器是一个防水版本，可以用于游泳和其他水上活动。声音处理器可以被无线控制，可用于 Naída CI Q70™的 AccessLine™ T 配件提供至蓝牙、MP3 和其他音频设备的无线连接。

5.10　ClearVoice™

来自 Advanced Bionics 的 ClearVoice™是一款软件增强算法，可以与 HiRes Fidelity 120™声音处理策略结合，被用于 Advanced Bionics 的 Naída CI Q70™和 Neptune™声音处理器。通过识别和比较噪声水平以及随后的信噪比（SNR），通道增益被动态地针对非语音声音进行降低，针对低水平的语音进行提高，从而增强语音识别。

在图 5.9 中，来自传声器前端的声音信号被数字化，并使用 256 - 点 FFT 进行频率分析。利用希尔伯特变换提取的包络和谱峰被分析，以确定哪一个电极将被用于电流转向。同时，一个信号 - 噪声估计器对传入的声音信号进行分析和分类，从而从相关的声音信息如语音中减少背景噪声。例如，一个和估计的背景噪声的能量水平相似的通道将被削减，而一个相对更高的通道能量水平将被保持下来用于刺激。通过对比一个声音信号的传入能量含量和信号 - 噪声估计器的输出之间的不同，得以确定信道衰减的量。由 ClearVoice™提供的衰减量可以被编程，从而提供最大为 6dB、12dB 或 18dB 的衰减水平。

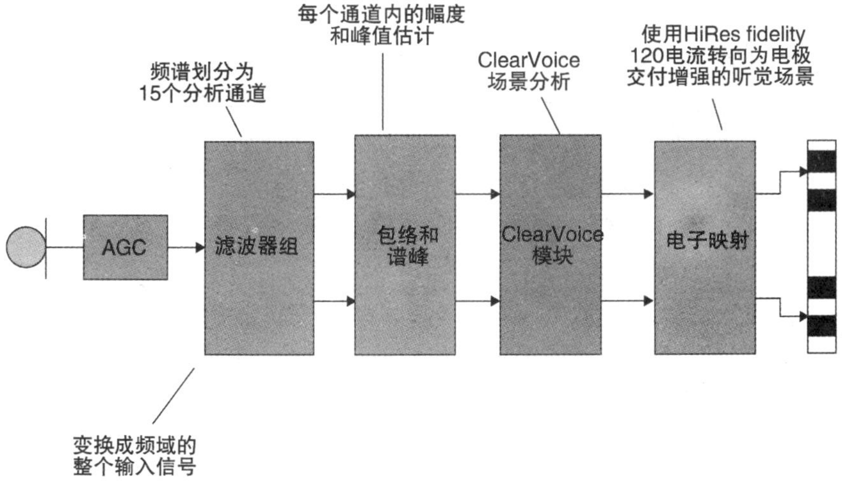

图 5.9　HiRes Fidelity 120 和 ClearVoice 信号分析的框图
（版权© Advanced Bionics。经许可转载）

Advanced Bionics 的 16 - 电极阵列系列包括 HiFocus™ Mid - Scala（见图 5.10），它含有一个预弯曲的电极阵列结构，被设计为在鼓阶内“自由浮动”，从而降低在从圆窗插入时对耳蜗的脆弱结构造成伤害的风险。HiFocus™ 1j 具有一个稍微弯曲的电极阵列，在电极之间存在突出的隔离物，以减少电极间的电场相互作用。围蜗轴 Focus™ Helix 电极被设计成为顺应耳蜗的自然轮廓。

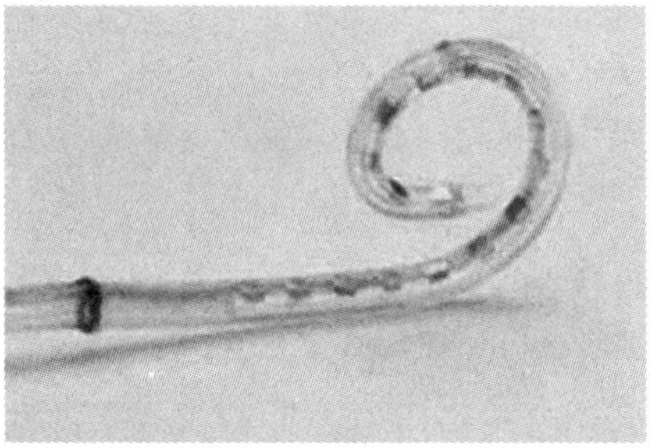

图 5. 10 HiFocus Mid - Scala 电极阵列（版权© Advanced Bionics。经许可转载）

5. 11 n - of - m、SPEAK 和 ACE

相对于所有可用的通道均被刺激的 CIS，n - of - m、谱峰提取（SPEAK）和高级组合编码器（ACE）声音编码策略选择较少数目的频带用于刺激，从而提高与声音信号的频谱内容相关的时间分辨率的贡献。只有总通道数的一个包含最主要的频谱信息的子集被选中。这本质上减少了非主导声音的入侵，降低了神经刺激的密度。

在 n - of - m 中，音频信号被过滤成“m”频带，除此之外还被称为通道，代表了可植入系统中物理电极的数目。信号包络随后被分析以确定“n”信号，它具有最高的振幅（频谱最大值）。这些 n - of - m 通道随后被选中向相应的电极交付一个刺激脉冲。例如，对于一个 6 - of - 12 策略来说，在每个时间窗口分析中，只有 12 个可用通道中的 6 个相对高信号幅度的通道将被选中。

对于 n - of - m 和 ACE，具有最高信号幅度的通道数量“n”是固定的。尽管 SPEAK 大体上相似，其所选通道数目对于使用的刺激水平有着更强的依赖性，导致一定程度上更具适应性的“n”值。SPEAK 将信号分离成 20 个频带，通常选择 6 ~ 10 个具有与最大频谱幅度相关的最高能量含量的通道。SPEAK 以大约 250Hz 的通道速率进行刺激，而 ACE 具有更高的刺激速率，从每通道 250Hz 到 3. 5kHz，默认速率为每通道 900Hz。

提高刺激电极的数目导致传播到耳蜗内的刺激电流的增加，这可能干扰用户感知的频率的分辨率。通过减少刺激电极的个数，刺激电流更区域化，可以提供更好的空间频率分辨率。因此，只有总通道数目的一个子集，也就是包含最主要的频谱信息的通道被选用。总刺激速率为通道速率和所选通道数“n”的乘积。

图 5. 11 示出了一个典型的在 16kHz 对 8kHz 音频信号进行采样的 ACE 策略

框图。抽样数据最初被与一个 128 - 点 Hann Window 函数相乘，以减少由 FFT 引入的边缘效应。使用 16kHz 的音频采样频率，FFT 采样窗口的周期为

$$\frac{\text{样品数}}{\text{音频采样速率}}=\frac{128}{16\text{kHz}}=8\text{ms}$$

这将声音信号分成 64 个独立的频率振幅，间隔为 125Hz。频带输出随后被组合生成一个与可用电极具有相同通道输出数的频率分配表。

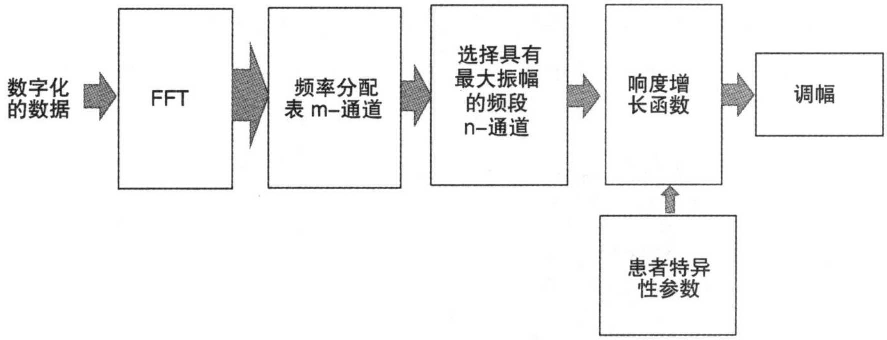

图 5.11　ACE 声音编码策略的框图

该表可以被定制，以提供增强语音（如元音识别）的特征频率分辨率所需的线性 - 对数频率间隔特性。通常来说，ACE 滤波器组被设计为具有高达 1kHz 的线性频率和高于 1kHz 的对数间隔。具有最高频谱能量含量（频谱最大值）的频段随后被用于选择相应的刺激电极。响度增长函数对用户的预测动态范围参数进行映射，由此产生时间包络，以对一个交织双相脉冲序列进行调幅，如 CIS 策略中一样，随后被施加到相应的电极。

所计算的 8ms 的采样窗口周期不一定决定单个通道的刺激速率，这是因为采样窗口可以被少量偏移到稍高于 8ms，以提供任意的所需的刺激速率。然而偏移分析窗口固有地引入了一些时间滤波，因为同样音频样本的一部分被用于计算下一个能量估计。

总刺激速率为

总刺激速率 = 通道刺激效率 × “n” 选择通道

选定通道数 “n” 可以增加，导致刺激频谱表示上的增加，但是因为一个植入物的总刺激速率具有上限（设计决定），如果高的 “n” 更受青睐时，通道刺激速率可能需要被降低。通过保持通道数为可用通道数的一半，刺激电流更局域化，在牺牲一些时间内容的情况下提供了改进的频率感知。因此，在选定通道数和最佳性能的刺激速率之间存在着固有的平衡，尤其是随着可用通道数目增加时。

5.12 Nucleus® 6 系统，Cochlear

Nucleus® 6 系统（见图 5.12）包括 CP910 和较小的 CP920 声音处理器。两者均支持与 GN Resound 相同的音频配件的无线连接，如 Mini Mic、TV Streamer 和 Phone Clip +（结合了蓝牙连接）。这两种声音处理器还具有一个内置的与感应线圈一起使用的拾音线圈。只有 CP910 具有连接到音频配件如 MP3 播放器的配件端口。Nucleus® 6 系统还可以选择一个遥控器 CR210 和远程助手 CR230 手持控制器。CR230 允许对耳蜗系统进行远程监控，手动调整听力环境以及诊断。

图 5.12 Nucleus® 6 系统示出 CR210 遥控器、CR230 远程助手和 CP922 声音处理器（版权©Cochlear。经许可转载）

这些处理器结合了双校准传声器，这使得自动调整并专注于前方感兴趣的声音，同时阻止侧面和后面不希望的背景噪声成为可能，从而有效地使接收音变得更清晰。这些处理器具有可选的听觉场景分类算法 SCAN，以分析和确定外部声音环境，随后调整传声器的属性和其他算法，从而对听力的感知清晰度进行优化。目前，SCAN 能够识别的 6 个场景为安静、语音、噪声中的语音、噪声、音乐和风噪。

Nucleus® 6 处理器的默认声音编码策略是 ACE，也是最为广泛应用的策略。不过，Nucleus® 6 也支持 CIS、SPEAK 和 MP3000，这是一种类似 ACE 的策略，不过其中最大值的数量有所减少，这是基于一个可听度的心理声学模型做出的选择。默认的刺激速率是 900Hz，最大值集的默认值为 8。可用的刺激速率为 250Hz、500Hz、720Hz、900Hz、1200Hz、1800Hz、2400Hz 和 3500Hz。可用的最大值数目的范围是 1 ~20，不过总的刺激速率（通道速率和最大值的乘积）可能不会超过 31500Hz。

22 电极阵列的 Nucleus 系列由围蜗轴 Contour Advance™电极组成（见图 5.13），该电极具有预成型的螺旋形状以及 4 种不同的侧壁电极。这些电极包括面向许多不同耳蜗解剖结构的“全带”直电极；包含两个独立的 11 铂电极阵列，旨在耳蜗被骨骼生长（骨化）阻碍时，被插入到耳蜗中的基部和内测转弯的“双阵列”电极；Hybrid L24 是一个较短的电极，旨在保留最佳的低频听力；“slim straight”电极将插入深度和残余听力保留质量之间的平衡融入到一个单一的设计中。

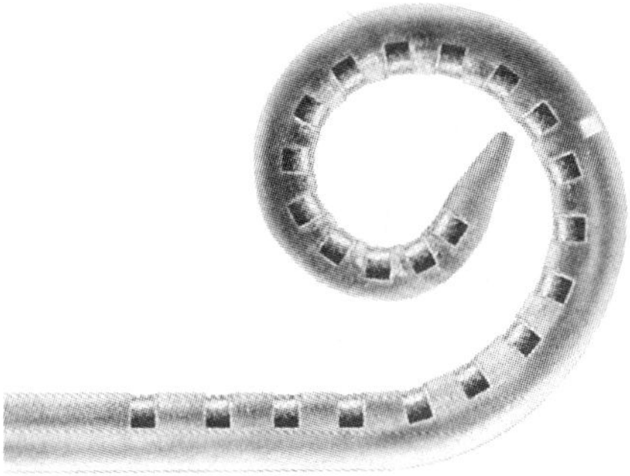

图 5.13　Contour Advance™电极阵列（版权©Cochlear。经许可转载）

5.13　双环路 AGC

正常听力的动态范围被认为是 100 ~ 120dB，而等效的电刺激的 IDR 为 10 ~ 20dB。然而耳蜗植入物不仅需要精确地复制该范围以及与语音相关的声级，还需要对带给语音细微变化和可理解性的声音强度水平的瞬时变化作出响应。因此，在耳蜗植入物的前端声音处理阶段的 AGC 必须迅速响应，从而检测到声音强度中的瞬时变化。

响应慢的 AGC 可能有效地错过声级上的瞬时增加，导致突然的让人不舒服的声级被传达用户。太快的 AGC 压缩（attack time）和太慢的释放时间会导致不希望的电产生的声级。

图 5.14 示出了来自 MED - EL 的双环路 AGC 系统，其中来自传声器的信号被同时传送到两个并行连接的峰检测器。一个检测器对缓慢变化的信号作出响应，而另一个检测器对快速变化的信号作出响应。每个检测器都可以对传声器进行再次的调节，从而响应被放大的安静的声级和被压缩的响亮的瞬态信号。在正常操作中，大部分时间是慢检测器主导，不过一旦有突然的响亮的瞬态信号，快检测器会获得控制权，减少增益，将响亮的声音信号的成分压缩到可以接受的水平。这导致了快速自适应增益控制系统的出现，在 25 ~ 100dB 的范围内具有

75dB 的 IDR。

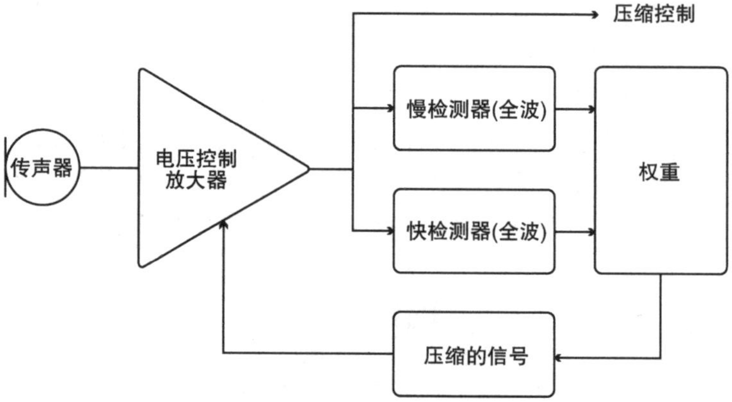

图 5.14　MED - EL 双环路 AGC 系统

5.14　精细结构处理

如图 5.15 所示，声学信号可以分解成两个部分即一个缓慢变化的包络和一个恒定振幅的高频载波，大致与调幅相同。高频信号被称为精细结构，携带着被认为对音调非常重要的声学线索，尤其是在听音乐的时候。而包络为理解语音提供足够的信息，尤其是在安静的环境中。因此，自身使用固定的声音包络分析速率的语音编码策略将不能提供足够的感知音乐所需的精细结构清晰度。包括在精细结构声音信号中的耳间时间延迟也有助于提供外部声源原点的信息。

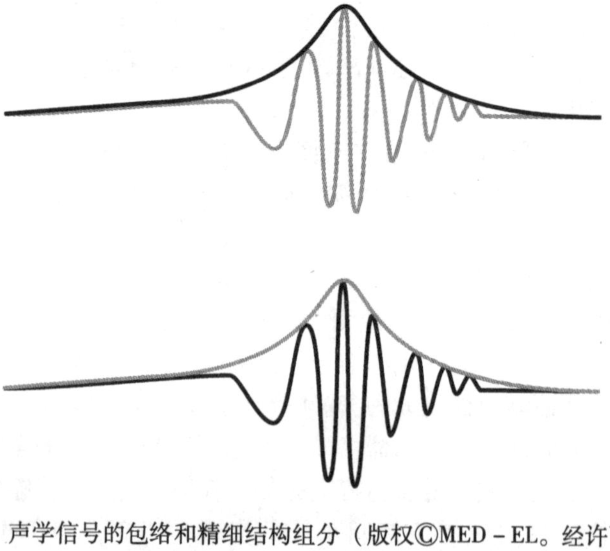

图 5.15　声学信号的包络和精细结构组分（版权©MED - EL。经许可转载）

地点编码涉及耳蜗的音质排列，基底膜上的特定位点对特定频率进行响应，低频响应位于顶端（顶点），高频响应位于基端（基底）。

相位锁定，也被称为时间编码，在声压波（沿着基底膜产生的驻波）与来自内毛细胞的神经活动在所有时间相关时发生。因此，产生的同步神经活动提供了声音信号的精细结构。高达几千赫的频率被进行位置编码和相位锁定，而对于更高的频率来说，只有位置编码是普遍的。基于此以及采样和随后的刺激速率的固有技术限制，精细结构处理策略只提供与低频通道相关的包络信息之外的时间精细结构信息，而中、高频率通道只提供包络信息。

图 5.16 示出了用于 MED - EL OPUS 2 音频处理器和 RONDO 音频处理器的 FS4 策略的框图，RONDO 是一个 CIS 语音处理开发策略。用于前 2 ~ 3 个通道（200 ~ 300Hz）的与包络检波器并行的是过零检测器，它产生一系列的通道特定采样序列脉冲（CSSS），使得一个 CSSS 的瞬时重复率与来自相应的带通滤波器的瞬时精细结构频率相同。将 CSSS 与包络检波器的输出相结合，给出相应带通滤波器的精细结构和包络信息。

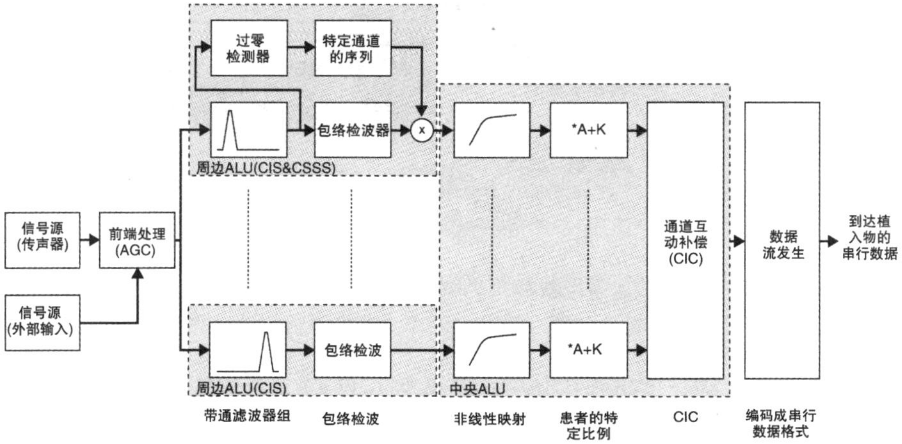

图 5.16　用于 Opus 2 音频处理器中的 FS4 策略的框图（版权©MED - EL。经许可转载）

通过为前 4 个通道提供更高的刺激速率，MED - EL FS4 策略能够提供前 4 个通道的时间精细结构信息。一个附加的策略 FS4 - p 使用了平行刺激，以提高精细结构信息的时间精度，这是通过结合通道互动补偿，预测和最小化相邻电极之间的实时电流扩散实现的。

5.15　MED - EL 的 MAESTRO™耳蜗植入系统

MAESTRO™耳蜗植入系统包括处在耳部外接音频处理器后面的 OPUS 2 和

OPUS 2 XS 以及 CONCERTO 植入物（见图 5.17）。另一种 RONDO 单个单元器件被通过磁铁连接在颅骨外部，可以隐藏在长发中。附件包括调节音量和灵敏度水平的 Fine Tuner™ 遥控器以及一系列连接到感应线圈、蓝牙、MP3 播放器和 iPod®的由 MED - EL 和第三方提供的助听设备。

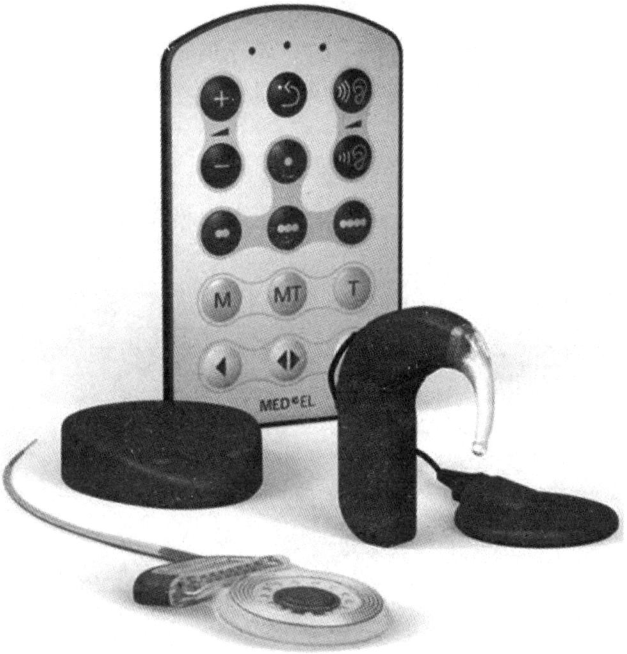

图 5.17　MAESTRO™耳蜗植入系统包括 CONCERTO 植入物和耳后 OPUS 2 XS 或 RONDO 单单元音频处理器（版权©MED - EL。经许可转载）

有 3 个包含不同长度电极的侧壁电极阵列：FLEX、FORM 和 CLASSIC 系列。这些系列均提供了介于 19 ~ 31.5mm 的多个长度选择，以容纳不同耳蜗之间的变化以及不同的病因。MED - EL CLASSIC 系列包括锥形的 Standard，被设计用于无创伤深插入到耳蜗的尖端，覆盖整个耳蜗；Medium 用于较短鼓阶；以及 Compressed，其电极间距更短，并集体靠近远尖端，以迎合部分骨化。

FLEX 系列包含长度在 20 ~ 31.5mm 的电极，使用了专有的 FLEX - Tip™ 技术，其特征包括前端处的单接触、超弹性波浪形电线和提高机械灵活性的锥形尖端（见图 5.18）。

FORM 电极阵列包括一个 19mm 和 24mm 的版本，为存在着脑脊液泄露风险的畸形耳蜗设计，纳入了一个集成的 SEAL。

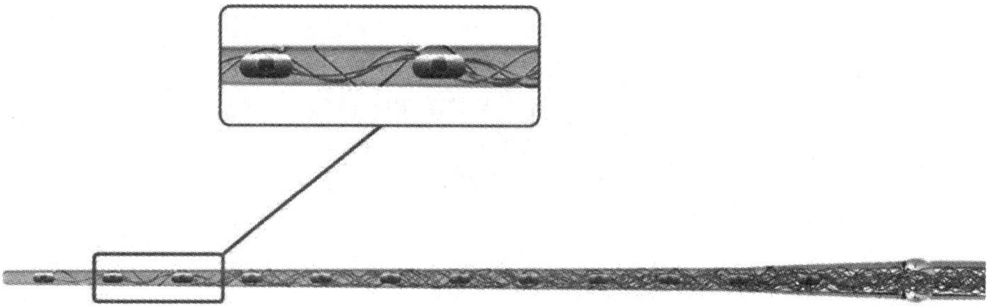

图 5.18　FLEX 电极（版权©MED - EL。经许可转载）

参考文献

Rebscher, S.J., Hetherington, H., Bonham, B., Wardrop, P., Whinney, D., Leake, P.A., 2008. Considerations for design of future cochlear implant electrode arrays: Electrode array stiffness, size, and depth of insertion. J. Rehab. Res. Dev. 45 (5), 731–748.

第6章　心脏起搏器和植入式心律转复除颤器（ICD）

6.1　简介

心脏是一个四腔肌肉器官，它接收血液，并将其泵至人体的肺系统和体循环系统（见图6.1）。肺系统包括左心房腔和右心室腔，左心房里充满着来自肺的含氧血液，而缺氧血液则被从右心室泵出到肺。体循环系统包括左心室腔和右心房腔，含氧血液被从左心室泵至动脉和毛细血管，为人体内的细胞组织提供氧气，右心房里充满着来自体静脉的缺氧血液。右心房与右心室之间的三尖瓣以及左心房与左心室之间的二尖瓣防止血液从心室回流进入心房。

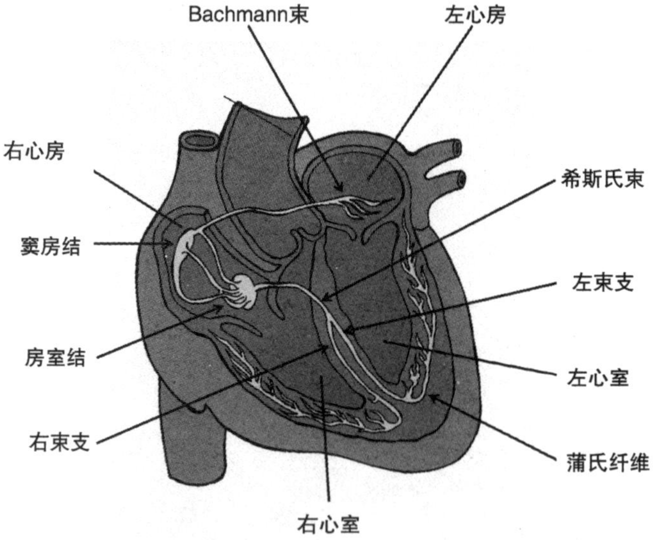

图6.1　心脏的主要解剖特征

心脏中有两种主要的心脏肌肉细胞类型：起搏细胞和非起搏细胞，前者不存在静息细胞膜电位，但能够自发去极化，后者具有一个静息电位，当利用电刺激去极化时搏动非常迅速。心房和心室主要由非起搏细胞构成，以至于对心房中的非起搏细胞施加刺激会扩散到所有的心房细胞，导致两个心房均发生收缩。这也适用于心室中的非起搏细胞，其中所施加的刺激将发生扩散，导致两个心室均发生收缩。心脏中的起搏细胞负责引起心脏肌肉以规律的间隔有节奏地收缩和舒张，这为将血液泵至全身提供了必要的抽吸作用。一个心跳对应于一个心动周期，包括收缩期（心房和心室收缩）和舒张期（心房和心室舒张）。

有节奏地收缩和舒张的心动周期开始于位于右心房右上方侧壁的窦房（SA）结中一小群起搏细胞产生的电脉冲。SA 去极化速率决定了名义心率和节奏，它可以在 60 ~ 100 跳动/min（bpm）。随着心房开始充满血液，起搏细胞自发地去极化，导致动作电位传播到右心房中的其他心肌细胞，并通过 Bachmann 束到达左心房。来自 SA 结的动作电位同时通过一个传导神经路径传播到房室（AV）结，与 SA 结中的起搏细胞相比，AV 结由去极化速度较慢的细胞组成。因此，来自 SA 结的脉冲的传导速度减慢，为心室开始收缩之前的心房的完整收缩提供了足够的延迟。该脉冲随后继续通过希斯氏束和蒲氏纤维以及左右束支传播下去，导致心室的同时收缩，并将血液从心室中射出。随后的心脏肌肉的电行为可以被检测为心电图（ECG）电信号，如图 6.2 所示。

参考图 6.2：

P 波表示伴随着工作电位从 SA 结传播到 AV 结而发生的心房起搏细胞的去极化。典型的传播或传导时间为 80 ~ 100ms。

PR 间期，从 P 波的开始测到 QRS 波群的开始，表示心房去极化和心室去极化之间的时间延迟。典型值范围是 120 ~ 200ms。

QRS 波群表示心室去极化。典型值范围是 60 ~ 100ms。

R 波表示心室收缩的开始，被称为“早期心室去极化”。

S－T 段对应于心室去极化的时间。典型值范围是 250 ~ 350ms。

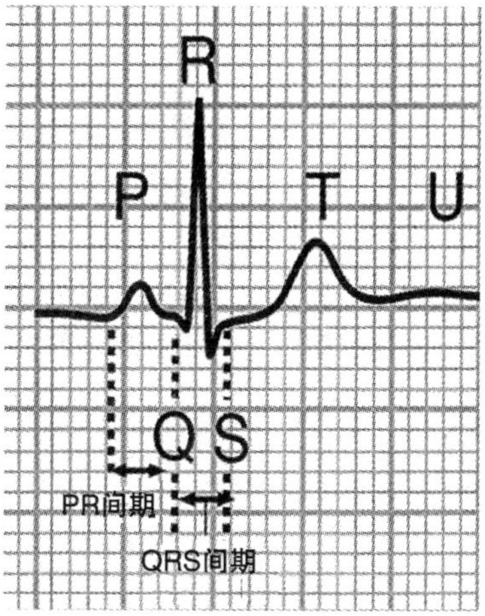

图 6.2　ECG 波形

S 波表示心室肌肉收缩的最后区域，被称为“晚期心室去极化”。

T 波表示心室复极化的时间，这一过程持续时间比心室去极化要长。

QT 间期是心室去极化和复极化的合并时间。典型值范围是 200 ~ 400ms。

RR 间期是两个连续 QRS 波群峰之间的时间差，指示出该时间的瞬时心率。在正常情况下，平均心率是通过测量若干 RR 间期获得的。

注意：心房复极化与心室去极化同时发生，并且因为复极化电压的幅值更小，其信号电平被相对大的 QRS 波群的幅值所覆盖。

ECG 被用于帮助诊断与心脏疾病和先天性心脏畸形相关的问题。不规律的心跳被称为心律失常，可以导致心脏停止跳动。心动过缓是心脏跳动缓慢的状态

（小于60bpm），心动过速是心跳太快的状态（大于100bpm）。被称为病态窦房结综合症的SA结功能障碍是引起持续性心动过缓的最常见原因之一，是由SA结的功能障碍引起的，还可能导致ECG检测到的交替心跳过缓和心跳过快。

在心脏从SA结通过VA结[⊖]到希斯氏束和蒲氏纤维的固有脉冲传导路径存在功能障碍时会发生心传导阻滞，由房室（AV）传导阻碍程度表征。在ECG波形中，一级AV传导阻滞表现为PR间期延长至大于200ms，导致心房收缩和心室收缩之间的异常延时。二级AV传导阻滞有两种特征类型，莫氏I型AV传导阻滞（也称为文氏传导阻滞），其中每次心跳含有一个常规的心房节律和一个逐渐延长的PR间期，直到最终AV结不能传导，导致没有心室收缩，QRS有效地在ECG中消失。然而在下一个周期中，PR间隔复位到原始长度，并重复这个循环。在莫氏II型AV传导阻滞中，不存在PR间期的逐步缩短，PR间期在未传导的心跳之前和之后是固定的。三级AV传导阻滞是一个完整的心脏传导阻滞，被定义为从SA结到心室没有脉冲传导。然而希斯－浦肯野传导系统中的起搏细胞将产生一个比心房率慢得多的室性逸搏心律。

起搏器和植入式心律转复除颤器（ICD）主要用于维持或恢复有规律的心跳节奏，在成人中这被认为在60～80bpm。电脉冲被通过一个植入电极施加到心脏肌肉上，可以有效地调整心脏节奏，以恢复更为规律的心跳。然而在一个心肌细胞内产生两个连续的动作电位受限于心脏不应期（CRP），CRP由绝对的（也称为有效的）和相对的不应期组成。在绝对不应期期间，即使存在很强的刺激，细胞也不能被再次去极化。因此，不能产生其他的工作电位。然而在某些条件下的相对不应期，一个强烈的刺激能够带来细胞去极化，导致产生另一个动作电位，这可能会导致心律失常。CRP的典型持续时间在200～300ms。

起搏通过递送一系列与R波同步的低能量心律转复脉冲，将心脏细胞恢复到它们的不应状态。最初的刺激将刺激电极周围的细胞还原到它们的不应状态。随后，反复的刺激脉冲继续将远离刺激部位的其他细胞转换到不应状态，最终将整个心脏转换到不应状态。考虑到不应期为150～250ms，刺激频率将在5Hz的数量级，这可以在到达不应状态后被降低；这使得心脏再次开始正常的跳动。为了实现更快的恢复时间，可以输送通常为70bpm的正常起搏器节奏，直到实现正常的节奏。

6.2 起搏器类型

起搏器可以大致分为3种类型：单腔、双腔或双心室。引线定位在右心房的

⊖ 此处原书有误，应为“AV结”。——译者注

单腔起搏器在只有 SA 结功能障碍、AV 功能正常的情况下使用，如病态窦房结综合症的情况。心房引线监控心房内活动，如果 SA 结跳动太慢，则递送一个电脉冲。引线定位在右心室的单腔起搏器在心房活动无需被监控，但心室活动速率需要被管理的情况下使用，如慢性心房颤动的情况，其中心房活动不能通过起搏而受到控制，因为房颤的快节奏覆盖了窦性心律，然而该节奏可以与慢心室率相关联。通过将一个起搏引线置于右心室中，心室率可以被监测，当心室率跳动太慢时，起搏器将启动一个起搏跳动。

双腔起搏器的一根引线被插入到右心房，另一根被插入到右心室，通常在具有显著的传导阻滞时使用。双腔起搏器将监测心房和心室的内在活动，在必要的情况下为任一个或两个腔室递送起搏脉冲。

双心室起搏器具有第三根引线，通常定位在一个沿着左心室壁排列的心脏静脉中，在左右心室不同时收缩时使用。双心室起搏也被称为心脏再同步化治疗（CRT），在患者心脏衰竭的情况下，利用一个电刺激提供心室的更平衡、更正常的收缩。

在所有的现代起搏器中，植入的电极还被用于连续监测心脏的电活动，按需提供人工起搏器刺激，以起搏心脏。起搏器植入装置被手术插入到位于上胸部区域的皮下袋，通常在锁骨下方。电极通常被通过头静脉或锁骨下静脉插入到心脏。

6.3 针对抗心动过缓起搏的修订 NASPE/BPEG 通用（NBG）代码

北美起搏与电生理学会（NASPE）和英国起搏与电生理学组（NBG）已经集体通过了针对抗心动过缓起搏的北美与英国通用（NBG）起搏器模式表，该表为大多数生产的具有多个功能的起搏器定义了操作模式。表 6.1 为抗心动过缓起搏提供了修订后的 NASPE/BPEG 通用（NBG）起搏器码。

表 6.1 针对抗心动过缓起搏的 NBG 起搏器代码[Bernstein等人,2002]

位置	I	II	III	IV	V
类别	腔起搏 O = 无 A = 心房	腔感应 O = 无 A = 心房	感应响应 O = 无 T = 触发	速率调制 O = 无 R = 速率调制	多位点起搏 O = 无 A = 心房
仅制造商指定	V = 心室 D = 双（A + V） S = 单（A 或 V）	V = 心房 D = 双（A + V） S = 单（A 或 V）	I = 抑制 D = 双（T + I）		V = 心室 D = 双（A + V）

代码包括5个字母，其中第一个是位置字母，代表用于起搏、感应、感应响应、速率调制和多位点起搏的一个腔室的特定类别。位置I和位置II指示哪些腔室被起搏和感应。位置III涉及在对感测的心脏去极化的反应中一个起搏刺激是被触发还是被抑制。位置IV被用于确定起搏速率能否被起搏器自动调制（调整）。起搏器可以针对适应性起搏进行配置，以检测与呼吸、身体运动、温度、氧饱和度和血液中pH值相关的生理参数，对运动作出响应，使得为了应付额外的生理需求，心率可以相应地增加。位置V指示出在一个或多个腔室中能否进行多位点起搏。

本质上存在4种起搏模式：异步、单腔同步（需求）、双腔顺序和速率响应。

起搏器设置的示例：

AOO－心房异步起搏器。

心房内起搏，无腔室感应。以独立于固有心脏速率的固定速率进行心房起搏。

VOO－心室异步起搏器。

心室内起搏，无腔室感应。以独立于固有心脏速率的固定速率进行心室起搏。

AAI－心房单腔同步起搏器。

心房内起搏和心房内感应。对心房活动发出响应时心房起搏被抑制。

VVI－心室单腔同步起搏器。

心室内起搏和心室内感应。对感应心室活动响应时心室起搏被抑制。

VDD－心室双腔同步起搏器。

心室内起搏，心房和心室内感应。对感应心房和心室活动响应时心室起搏被触发或抑制。感应心房活动将触发心室起搏。然而感应心室活动将抑制心室起搏。

DVI－双腔心室起搏顺序起搏器。

心房和心室内起搏，心室内感应。感应心房活动触发序列的心房刺激、可调节的PR间期和心室刺激。响应心室活动时心室起搏被抑制。

DDD－双腔起搏器。

心房和心室内起搏，心房和心室内感应。对感应心房或心室活动时心房和心室起搏被抑制。对心房活动响应抑制心房起搏。如果感应到心房活动，则触发心室起搏，除非感应到心室活动。

VVIRV－双心室速率响应起搏器。

心室内起搏，心室内感应。对感应心室活动响应时抑制心室起搏。自动速率调制被启用，采用多位点心室起搏。

其他速率响应起搏器包括 AAIR、DDIR 和 DDDR。

起搏器现在可以被编程，允许改变多个参数，如起搏速率、PR 间期、起搏模式、滞后、不应期、刺激幅度、刺激脉冲宽度和心房跟踪速率，可以使用电感耦合或无线传输链路进行修改。一些起搏器还包含一个电磁开关并被编程，当一个临床磁体被置于起搏器上方时发出响应。该响应通常是将起搏器重置于其默认异步起搏模式，或启动内置的诊断模式，在此之后起搏被恢复。

6.4　ICD

起搏器通过向一个或多个心脏腔室施加一个低水平的电起搏刺激，被用于感应并纠正心动过缓（慢节奏）和脉冲传导阻滞，而植入式心律转复除颤器（ICD）则是通过对心脏肌肉施加一个低能、高速率的电刺激或一个高能量冲击，被用于检测并纠正心动过快（快节奏）。目前，ICD 利用复杂的技术将起搏器功能结合在一起，用于检测心脏内的点活动，提供刺激冲击，并存储和利用无线通信发送 ECG 数据。与起搏器不同的是，ICD 感应室性心律失常；心室心动过速（VT）和室性纤颤（VF）都是威胁生命的，与猝死相关。

VT 的特征是心脏速率高于 100bpm，产生于心室中的一个单一源点（单态）或几个特定源点（多态）。在 VT 期间，心室可能在心房将血液泵入心室之前去极化，以致于心脏腔室无法将其全部容量充满，然后较少的血液被泵至全身。患者通常能够忍受较慢的 VT（100～150bpm），但是这取决于心脏的泵送功能。较快的 VT（150～200bpm）耐受性差，可能导致更快速的血流动力学损害，使得病人的血压降低，导致病人昏厥。

VF 的特征是来自心室内许多不同位点的心肌细胞的自发去极化，导致快速接近 300bpm 的心脏速率，并且心室发生“颤抖”，而不是收缩。这导致非常少量的含氧血液被泵至全身。快速 VT 可导致 VF，引起心脏骤停（SCA）和随后的心脏性猝死。

为了纠正心律失常，ICD 通常具有 3 个标准的操作模式：抗心动过速起搏（ATP，利用同步低能量快速起搏脉冲破坏心动过速电流）、同步高能量除颤电击疗法（心脏复律）和异步高能量除颤电击。图 6.3 示出了室性心律失常的 ECG。如果心律失常是快速且规律的，可以输送低水平的 ATP 脉冲将心律失常恢复成正常的窦性心律。ICD 将 VT 划分到不同的区域，其中可以编制不同的治疗方案。快速的 VT 不太可能对 ATP 作出响应，将需要一个同步冲击以终止心律失常。在快速 VT 区，ATP 可能被使用，不过更常见的是，ICD 进入心律转变器模式，其中一个同步的高能量冲击被递送，以有效地刺激心脏，允许恢复正常的窦性心律。

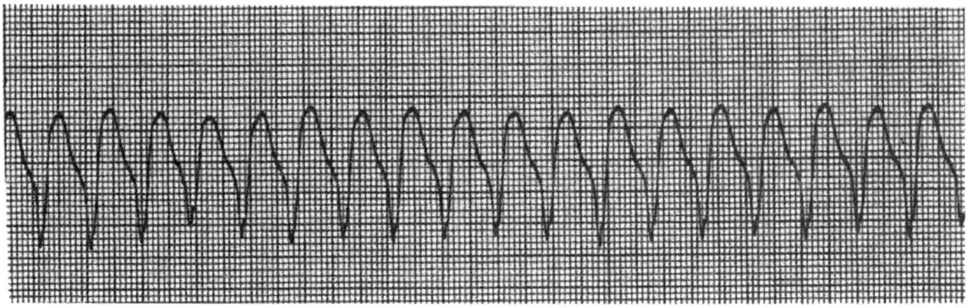

图 6.3 VT

图 6.4 示出了 VF 的 ECG 图，其中心律失常非常不规律，且非常快。在这种情况下，ICD 作为除颤器被使用，为心室提供一个高能量冲击，以恢复心脏的自然节奏。

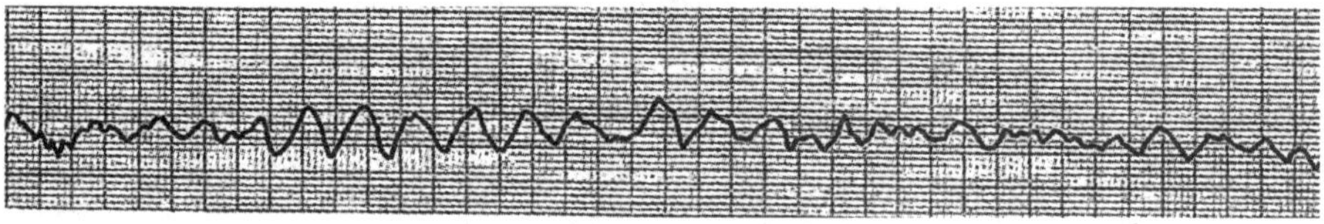

图 6.4 VF

6.5 NASPE/BPEG 除颤器（NBD）代码

NASPE/BPEG 除颤器（NBD）代码（见表 6.2）与起搏器 NBG 代码兼容，已经被制造商所采用，用于定义 ICD 装置的操作模式。该代码包含 4 个字母，每一个字母代表一个特定的类别：冲击腔、ATP 腔、心动过速检测的方法和抗心动过速起搏腔。位置 I、II 和 IV 表示哪些腔室针对 ATP 或抗心动过速起搏被冲击或选择。位置 III 与用于检测心动过速事件（一个电图信号，或一个或多个血液动力学相关的变量，如血压或经胸阻抗）的设备有关。假定所有的 ICD 使用电图检测心动过速。血流动力学的选择是分层次的，如果被选用，那么电图被自动假定。

表 6.2 NBD 代码[Bernstein 等人,1993]

位置	I	II	III	IV
类别	冲击腔室 O = 无 A = 心房 V = 心室 D = 双（A + V）	ATP 腔 O = 无 A = 心房 V = 心室 D = 双（A + V）	心动过速检 E = 电图 H = 血流动力学	抗心动过缓起搏腔 O = 无 T = 触发 I = 抑制 D = 双（T + I）

表 6.3 提供了一个 NBD 代码的简写形式，其假设一个具有 ATP 的除颤器也

具有抗心动过速起搏的功能。

表 6.3　NBD 代码的简写形式[Bernstein等人,1993]

ICD - S	只具有冲击能力的 ICD
ICD - B	具有心动过速起搏的 ICD
ICD - T	同时具有心动过速（和心动过缓）起搏与冲击的 ICD

6.6　植入式心率转复设计

图 6.5 示出了组成一个典型 ICD 的许多要素的框图。现在大多数 ICD 结合了起搏器功能，以检测心律失常如心动过缓和心动过速，以及施加适当的刺激治疗，将心跳恢复到更为正常的节奏。因为 QRS 波群是 ECG 波形中最主要的特征，它被用于确定心脏速率，提供心室活动的量度。通过检测连续的 R - R 间期之间的时间间隔，并与已知的间隔时间比较，可以测得心脏速率，将其分为过快、正常或过慢。随后，ECG 波形中的 P 和 T 波通常被与不需要的生物力学人为噪声如肌肉运动和任何外部电磁噪声干扰（EMI）一起过滤掉。来自外部辐射源的 EMI 噪声可以干扰感应心室信号，它可以被错误地感应为 VT 或 VF。通过从 ECG 波形中分离出 QRS 波群，QRS 特征可以被提取出来用于分析和随后的心律失常分类。

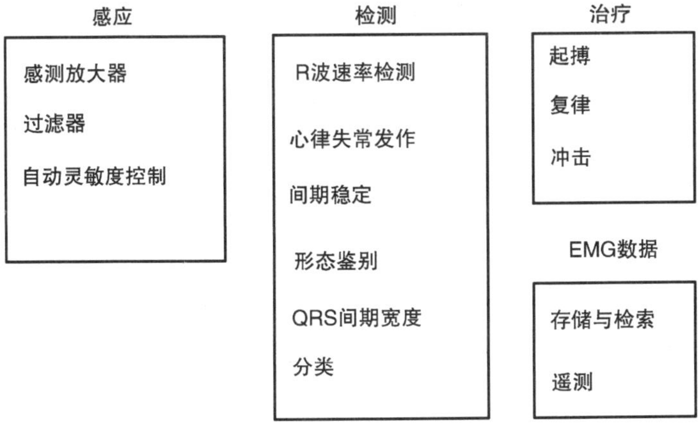

图 6.5　一个典型 ICD 系统的要素

感测放大器的灵敏度被设计成优先于相对较小的 T 波而自动适应感测较大振幅的 QRS 波群，并且在感测到较小振幅持久的心动过速心律失常时调整放大器的灵敏度。灵敏度控制或跟踪通过结合一个自动增益控制放大器或使用自动阈值跟踪实现，其中前者利用一个固定的阈值水平，对于小的信号增大增益，或对大的信号减少增益，后者根据感测到的信号水平对阈值水平进行调整。当信号水平降低时，阈值水平降低，反之亦然。任何高于该阈值水平的信号均被登记为感测事件。

感测心律失常事件（集）的幅度与阈值水平幅度的对比为周期数或集数给出指示，并启动一个计数器，以确定周期数。

速率检测是基于一个测量的电图（EGM）参数（如 R－R 间期）在定义的速率检测区域内落入预定限制的次数，如图 6.6 中所示的例子。每个区域代表与心动过缓、正常窦性心律、VT 和 VF 等级相关的心脏速率范围。所有的范围被定义在可以编程的边界限制内。当若干连续的速率检测间期超过了一个区域内的预定计数，适当的起搏或电击疗法被启动。与一个 QRS 波群关联的是一个 200ms 的不应期，这是因为心脏的生理构造。继而，在这一期间内没有信号检测发生。

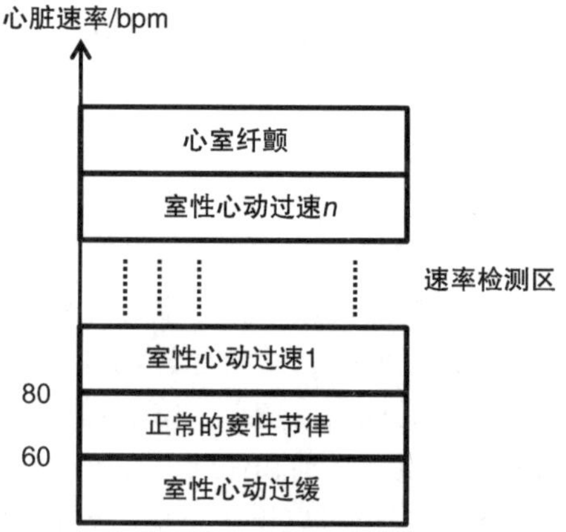

图 6.6　心脏速率检测区域

快速性心律失常也可以起源于心房，被称为室上性心律失常（SVT），包括心房纤颤、窦性心动过速（ST）和心房扑动。ST 是一个发生于运动期间的正常的快速心脏节律，其特征是一个高于 100bpm 的心脏速率，可能被错误地检测为需要治疗的室性心律失常。因此，为了帮助区分 ST（见图 6.7）和 VT（见图 6.8），ICD 使用许多增强和分类计数，以补充速率检测。这些增强聚焦在 ST 和 VT 之间心律失常模式上的差异。当心房内的脉冲过度驱动窦房结活动时，会看到其他的 SVT，例如心房纤颤和心房扑动。与具有相对更稳定的心律失常的 VT 相比，心房纤颤具有不规律的心律，而和 VT 相比，ST 具有渐发性。此外，更宽的 QRS 间期通常与 VT 相关，而不是 ST 或 SVT。一些 ICD 结合了形态鉴别算法，这些算法被用于将感测 QRS 波群的特征与存储的基线正常窦性节律模板相对比，从而区分和划分 VT 集。双腔 ICD 同时拥有心房感测和心室感测，以更精确地确定室性心律失常。

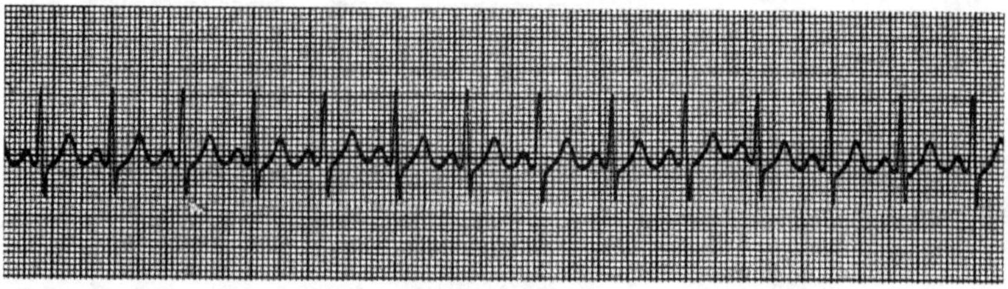
图 6.7　ST

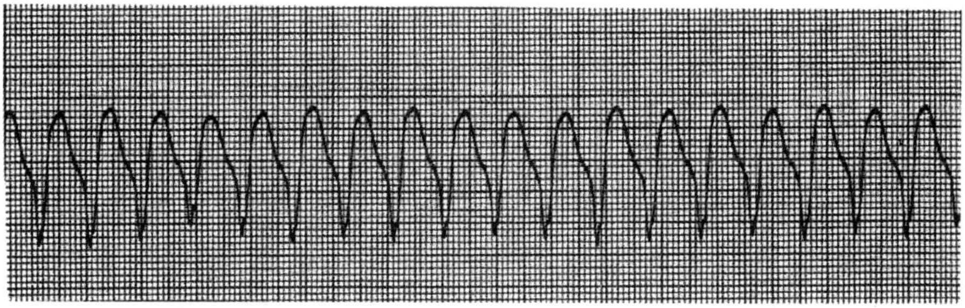

图 6.8　VT

图 6.9 示出了一个单通道 ICD 的一般框图。组合的起搏器和 ICD 通常具有两个独立的感测放大器：一个设计用于心动过缓检测；另外一个用于心动过速检测。ICD 中的高能密度电池是低电压类型，通常最高为 3V，因此一个递升式能量转换电路如 DC－DC 转换器、回扫变压器和电压倍频/三倍频二极管网络被使用，以实现标准的 750V 或更高的输出电压，从而提供高能脉冲（通常为 30～40J）以干扰 VF，回到正常的窦性心律。电极驱动电路对一个电容器或一组电容器充电，电容器随后被放电，交付高能脉冲。因此，感测放大器采用了保护电路，保护电极免受高能电压脉冲的破坏。

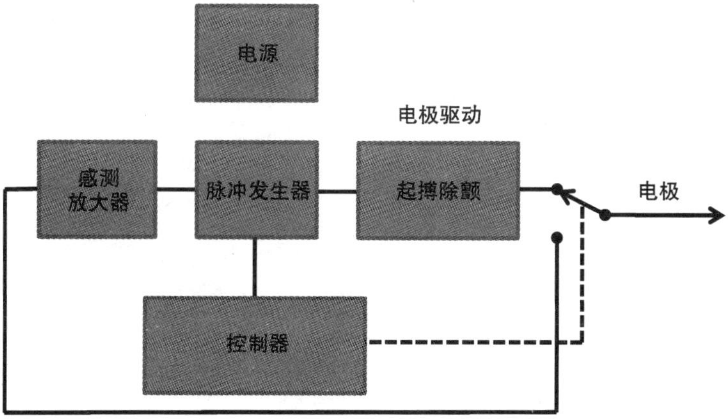

图 6.9　一个典型的结合了起搏器的 ICD 的框图

6.7　Medtronic®的 Micra TPS

Micra™经导管起搏系统（TPS）的尺寸比传统的起搏器要小（见图 6.10），被经过一个插入到股静脉的导管插入到心脏内。TPS 的一端含尖齿，被用于将 TPS 附着到心脏壁上，还允许在需要时重新定位设备。与传统的起搏器相比，

TPS 不含引线，刺激电流是通过插入到心脏的尖齿输送的，而传统的起搏器中，引线被连接到来自刺激器的电极，被皮下植入到胸部区域。

图 6.10　Micra TPS（版权©Medtronic。经许可转载）

在写本书时，Micra™ TPS 还处于研发阶段，无法商业购得。

6.8　Medtronic®的 Viva®和 Evera®

来自 Medtronic 的 Viva®起搏器（见图 6.11）和 Evera® ICD（见图 6.12）系列提供结合 AdaptivCRT™算法的心脏再同步除颤治疗（CRT－D），该疗法通过优化 CRT 起搏不断适应个体患者的需求，以保持患者正常的心脏节律。两款设备均利用 SmartShock 技术，该技术包含 6 个独特的算法，将真正致命的心律失常与其他心律失常和非心律失常事件区分开。这些设备还结合了 Medtronic 专有的 PhysioCurve™设计，通过提供更贴合身体轮廓的形状以减少对皮肤的压力。

图 6.11　Viva® S CRT－D（版权©Medtronic。经许可转载）

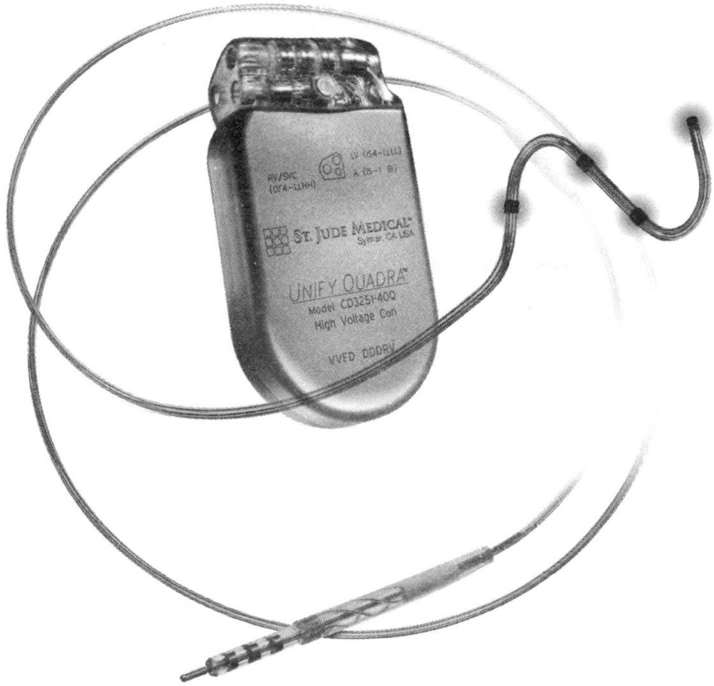

图6.12　Evera® XT DR CRT－D（版权©Medtronic。经许可转载）

6.9　Sorin Group 的 Kora 100

来自 Sorin Group 的 KORA 100 MRI 起搏系统包含 KORA 100 SR 和 KORA 100 DR 起搏器（见图6.13），当与 Sorin BEFLEX 起搏引线一起植入时，允许患者安全地进行磁共振成像（MRI）。自动 MRI 模式（Automatic MRI Mode）检测 MRI 扫描仪的强磁场，自动将设备转至异步模式操作。类似地，该设备对患者离开磁场进行感测，在 5min 内调回正常模式，从而限制起搏器在 MRI 模式下操作的时间。KORA 100 起搏器还结合了专有的睡眠呼吸暂停监测（Sleep Apnea Monitoring），该技术自动保护具有重度呼吸暂停症状的患者。

Sorin Group 的 CRT－D 优化系统包括嵌入到 SonRtip 心房起搏引线中的 SonR 血流动力学传感器和 SonR CRT－D 设备（Paradym RF SonR 或 Intensia SonR）。SonR 是一个每周自调节 CRT－优化系统，在休息和锻炼时为改善 CRT 响应提供优化的时机（见图6.14）。

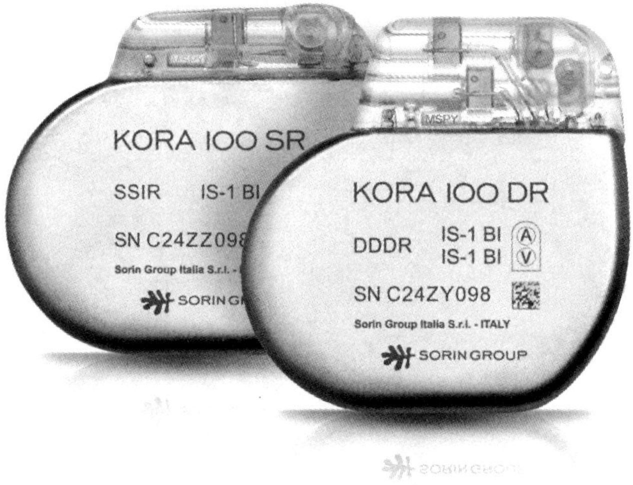

图 6.13 KORA 100 SR 和 100 DR 起搏器（版权©Sorin Group。经许可转载）

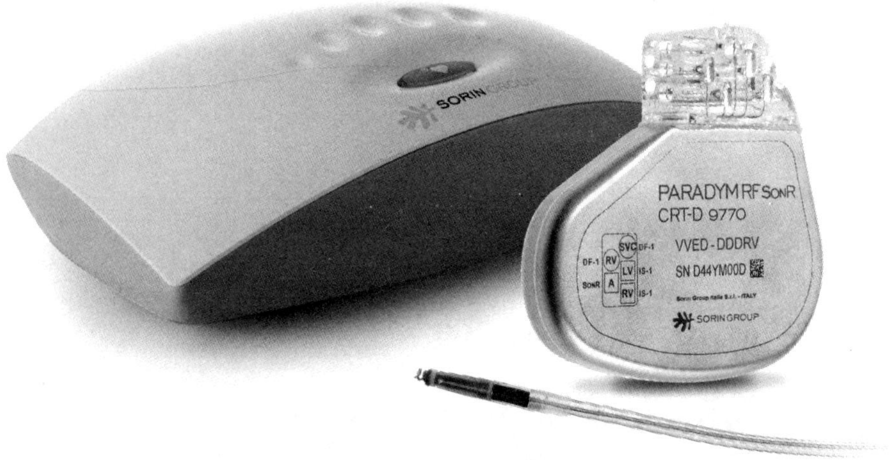

图 6.14 SmartView，Paradym RF SonR（版权©Sorin Group。经许可转载）

6.10 Biotronik 的 Evia 和 Idova

来自 Biotronik 的 Evia 系列起搏器包括结合专有 ProMRI 技术的单、双和 CRT 设备，允许患者有条件地访问 MRI 检查。图 6.15 示出了 Evia DR－T 起搏器。Home Monitoring®技术提供对临床参数的连续监测以及心房和心室心律失常、设备和引线问题的早期检测。闭环刺激（Closed Loop Stimulation，CLS）为有 MV-VS 的患者提供生理速率响应和治疗选择。CLS 集成到自然心血管回路，更早、更有效地启动起搏，尤其是在经历情绪或精神压力的时期。CLS 提供优化的心脏速率响应，从而改善或恢复患者的生活质量。

Idova 7 ICD 系列包括单腔、双腔、CRT 和 Dx（具有心房感测的单腔）设备，每种都能够提供高能量冲击，尤其对于有高除颤阈值的患者。图 6. 16 示出了 Idova VR－T 起搏器。专有的 ProMRI 技术允许病人有条件地访问 MRI 检查，Home Monitoring® 技术对临床参数提供连续的监控以及对房性心律失常的早期检测。SelectSense® 传感通过一个复杂的自动灵敏度控制算法将感测参数适应患者的个体需求，SafeSync® 通过一个外部棒提供无线数据遥测。

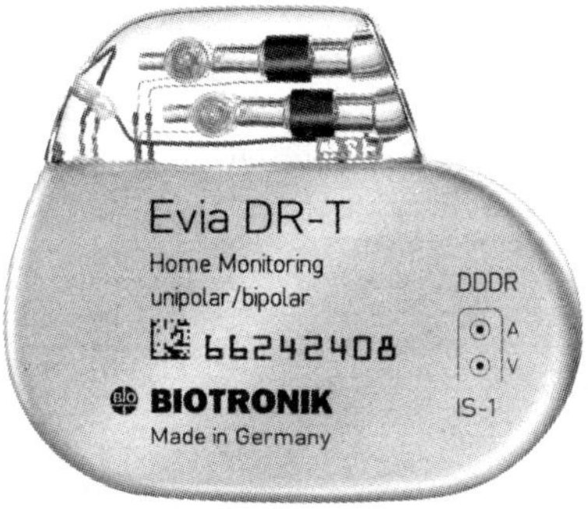

图 6. 15　Evia DR－T 起搏器（版权©Biotronik。经许可转载）

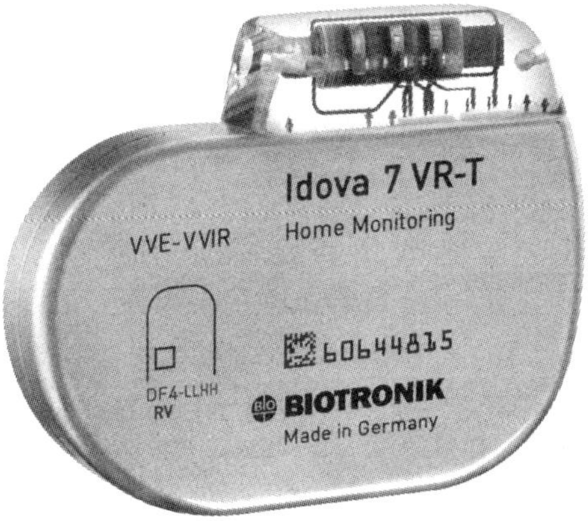

图 6. 16　Idova VR－T 起搏器（版权©Biotronik。经许可转载）

6. 11　St Jude Medical 的 Nanostim™

Nanostim™是一个无引线的 VVIR 起搏器，经过股静脉插入心脏，植入到右心室，利用一个双固定系统被固定在那里（见图 6. 17）。Nanostim™在一端结合了一个激素洗脱电极，被用于刺激和起搏心脏。Nanostim™含有一个内部电池，其预期寿命在 100% 起搏时为 9 年，50% 起搏时为 13 年或更长。Nanostim™还被设计成在电池更换的情况中很容易被重新定位或取出。

在写本书时，Nanostim™还无法商业购得。

图 6. 17　Nanostim™无引线起搏器（版权©St Jude Medical。经许可转载）

6.12　St Jude 的 Unify Quadra™和 Accent™

Unify Quadra™ CRT – D（见图 6. 18）系统使用四极起搏技术，包括具有 4 个

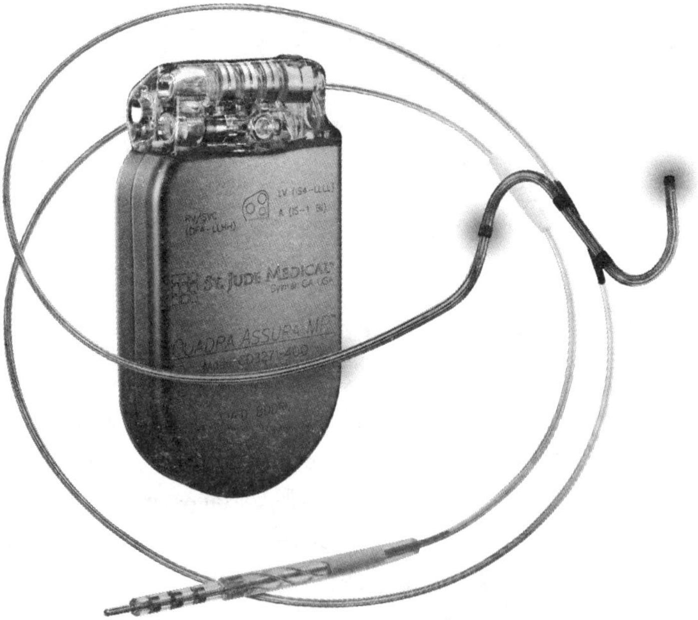

图 6. 18　Unify Quadra™ CRT – D 系统（版权©St Jude Medical。经许可转载）

电极的 Quartet Left Ventricular（LV）引线和提供 10 个起搏设置的 VectSelect™ Quartet LV Pulse Configuration。4 个电极可以覆盖一个较大的区域，使得它们的确切位置不太重要，并且刺激电流可以通过软件控制进行调节。

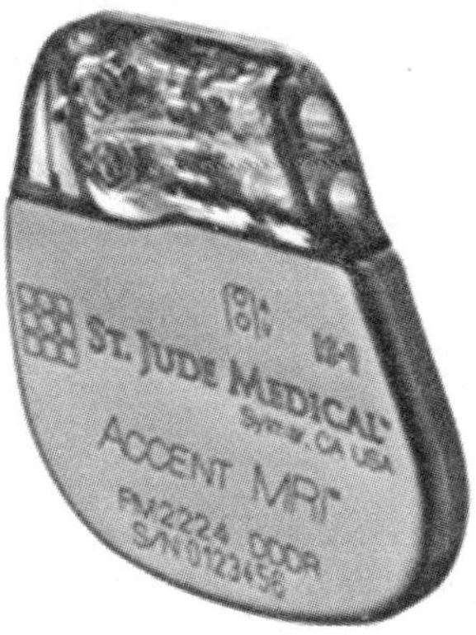

图 6.19 Accent MRI™起搏器
（版权©St Jude Medical。经许可转载）

Accent MRI™ 起搏器（见图 6.19）和 Tendril MRI™起搏导线使患者能够安全地进行全身 MRI 扫描。外部的 Activator™手持单元可以被用于启用和禁用预编程的 MRI 设置。Accent MRI™起搏器还针对远程病人监护结合了 InvisiLink™无线遥测。其他功能包括用于定时循环优化的 QuickOpt™和为患者在植有植入物和整个生命中提供最佳治疗的 SenseAbility™技术。

6.13 Boston Scientific 的 Ingenio™和 INCEPTA™

图 6.20 示出了来自 Boston Scientific 的 Ingenio™起搏器，它使用了其专有的 RightRate™分钟通气量传感器以恢复变时性功能以及 RYTHMIQ™，一个在无临床上显著暂停的情况下将不必要的 RV 起搏最小化的算法。Ingenio™允许心脏主导，旨在在适当的时机介入。

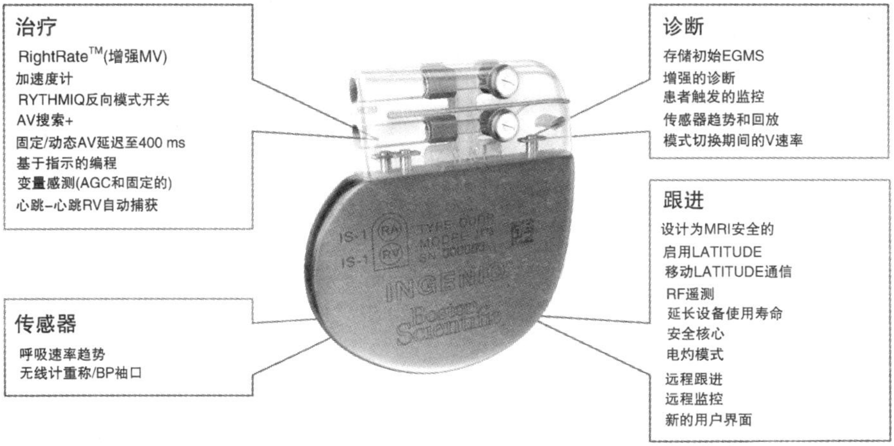

图 6.20 Ingenio™起搏器（图片由 Boston Scientific 提供。版权©2013 Boston Scientific 或其附属公司。版权所有）

图 6.21 示出了 Boston Scientific INCEPTA™ ICD 先进系统方案，为患者提供

合并症检测（ApneaScan™、DR 中的 HF 监测、利用传感器的 LATITUDE™病人管理）。独特的 ApneaScan™功能旨在识别存在睡眠呼吸暂停风险的病人，为病人的临床状况提供更广的视野。这些有着可预期寿命高达 8 年的小、薄、高能量设备旨在改善患者的认可、舒适性和生活质量。新的 Acushock 心律失常鉴别系统具有较高的特异性和治疗算法：具有 RHYTHM MATCH™的 RHYTHM ID 旨在尽量减少不恰当的疗法，允许对心律失常检测的灵活定制。使用 RYTHMIQ™避免不必要的右心室起搏，在适当的时间提供正确的治疗，INCEPTA™ ICD 确保了为患者量身定制的治疗。拥有 HF Persectiv，包括 Respiratory Rate Trend 和一个 DR 模式中完整的 HRV 诊断检测，结合 LATITUDE™病人管理系统，INCEPTA™ ICD 为病人管理提供了一个先进的解决方案。

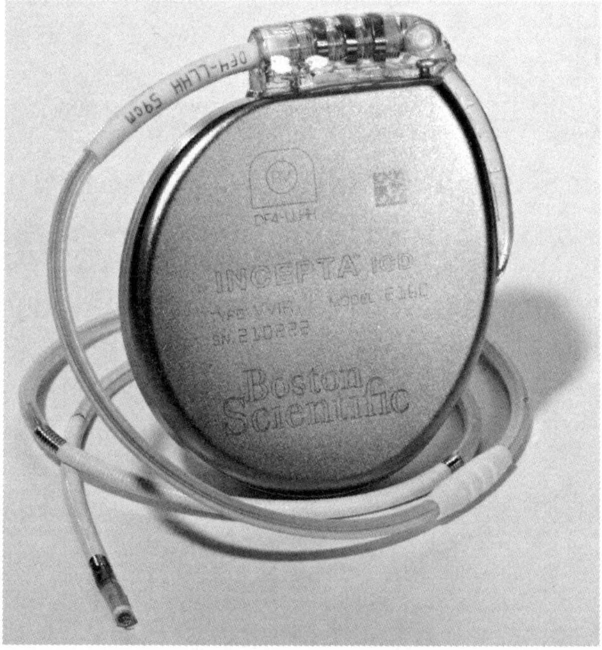

图 6.21 INCEPTA™ ICD（图片由 Boston Scientific 提供。版权©2013 Boston Scientific 或其附属公司。版权所有）

6.14 Boston Scientific 的皮下 ICD（S－ICD）

来自 Boston Scientific 的皮下 ICD（S－ICD）系统（见图 6.22）为具有突发性心脏骤停风险的患者提供了新的治疗方案，同时保持心脏和血管不变。与经静脉 ICD 类似，S－ICD™系统使用了一个能够为 VT 和 VF 提供挽救生命的高能量电击治疗的脉冲发生器。与经静脉 ICD 不同的是，S－ICD™系统被植入到身体的胸外侧区，使用一个皮下电极感测和递送治疗，而不是经静脉引线。

图6.22 S－ICD™系统（图片由 Boston Scientific 提供。版权©2013 Boston Scientific 或其附属公司。版权所有）

参考文献

Bernstein, A.D., et al.,1993.North American Society of Pacing and Electrophysiology policy statement. NASPE/BPEG defibrillator code. Pacing Clin. Electrophysiol. 16 (9X), 1776–1780.

Bernstein, A.D., et al., 2002. The revised NASPE/BPEG generic code for antibradycardia, adaptive-rate, and multisite pacing. North American Society of Pacing and Electrophysiology/British Pacing and Electrophysiology Group. Pacing Clin. Electrophysiol. 25 (2), 260–264.

第 7 章　膀胱植入物

7.1　简介

支配膀胱功能的神经通路源自椎体 T12 – L1 之间的骨髓的骶根 S2 – S4。这些骶段形成盆腔神经，提供副交感、交感和躯体通路，支配膀胱，如图 7.1 所示。外括约肌由盆底的肌肉组织构成，由躯体阴部神经支配。刺激副交感神经导致膀胱壁的收缩（逼尿肌），以及随着尿液被挤出膀胱并经过外括约肌时发生的内括约肌的松弛。刺激交感（腹下）神经导致抑制效果，引起膀胱壁的松弛和对外括约肌的兴奋性输入。刺激阴部神经将导致外括约肌的收缩。外括约肌还可以通过自控被关闭，不过一旦尿液穿过内括约肌就会通过反射动作松弛下来。

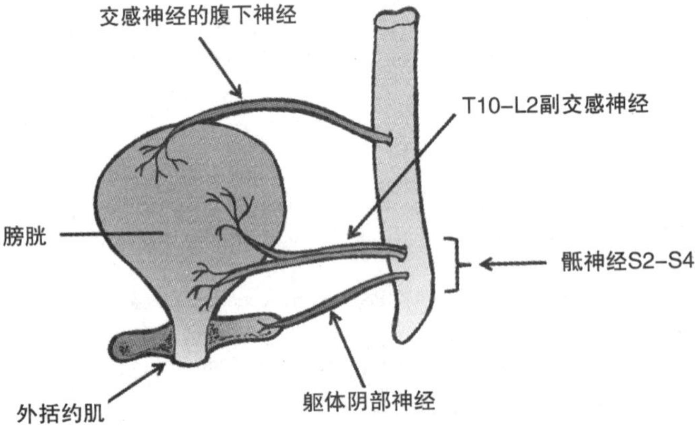

图 7.1　膀胱和外括约肌的神经支配简图

当膀胱充满尿液时，膀胱壁中的伸展受体向脊髓发送传入神经信号，并通过骨盆神经发送给高级中枢。随着膀胱变得更加扩张，反射性收缩变得更为频繁、强烈和持久。伴随收缩的是阴部神经活动的增加，这导致外括约肌收缩，促进自制。当存在排尿欲望时（也称为 voiding），副交感神经活动减少，导致膀胱壁的收缩和外括约肌的松弛。受高级中枢控制的外括约肌通过阴部神经被反射抑制。随后逼尿肌的收缩将尿液推出膀胱，经过放松的内外括约肌，引起排尿。当膀胱为空时，膀胱壁松弛，括约肌关闭。膀胱充满和排空的整个过程不受到高级中枢的控制，也被称为骶反射弧。如果没有排尿的欲望，来自高级中枢的神经信号导致副交感活动减少，交感活动增加，引起膀胱壁松弛和外括约肌收缩。这导致膀胱压力的提升，提供有意的自制，覆盖了排尿的自然骶反射弧。

有许多可以受益于生物医学植入物的膀胱功能障碍，包括逼尿肌反射亢进、逼尿肌无反射、尿潴留和膀胱过度活动症。

7.2　逼尿肌反射亢进

逼尿肌反射亢进是一种状态，其中膀胱依然具有功能，但丧失了意志控制，这通常与处于脊髓骶段上方的神经脊髓病变相关，其结果是骶反射完好无损，运作正常，但不受高级中枢的控制。膀胱依然会充满尿液，只是周期性的非自愿的收缩将导致膀胱自发排空。排尿通常不完整，导致膀胱中残留少量的尿液。然而如果外括约肌的松弛与膀胱壁的收缩协调，膀胱排空可以是充分的，可以自制。如果外括约肌与膀胱的活动不协调，被称为逼尿肌－括约肌协同失调，由于外括约肌的失调收缩，膀胱内的压力上升，导致膀胱频繁排空，引起自动性失禁。这导致较大的尿液的残留量，并常常导致感染风险的增加，以及反压作用提高引起的可能的肾脏损害。

7.3　逼尿肌无反射

这种病症发生在反射性膀胱控制丧失时，导致膀胱壁变得松弛，在对提高的膀胱压力无感知的情况下增加容量。随后膀胱溢出，造成持续滴液。这种情况通常发生在骶段存在脊椎损伤、马尾损伤或骨盆神经损伤时。

膀胱的有意排空可以通过手动按压前腹壁实现，导致外括约肌放松，但少量的尿液仍将残留在膀胱中。替代地，插入到尿道中的导管为排空过量尿液提供了有效的方法。

7.4　膀胱过度活动症和尿潴留

膀胱过度活动症（OAB）是一种导致膀胱在没有充满时仍不由自主地收缩，给人尿急感的病症。急迫性尿失禁是一种在有排尿欲望之前或同时随着膀胱收缩发生尿液泄露的病症。这些 OAB 收缩和突然的排尿冲动导致频繁上厕所。随着 OAB 收缩，膀胱将保持较少的尿液，同时具有更频繁的排尿欲。

国际尿控协会将 OAB 定义为具有或不具有急迫性尿失禁的尿急（突然的急迫并无法避免的欲望）。急尿频尿指的是一个人白天小便的次数（多于 7 次），夜间频尿被定义为一个人在夜间必须起床排尿的次数（多于 1 次）。

尿潴留是无能力排空或部分排空膀胱的病症。该病症可能由障碍物如肾结石引起，或由非阻塞性原因导致，如中风或神经创伤，导致膀胱的神经支配丧失，或膀胱壁的肌肉无力。

7.5 骶神经前根电刺激

盆腔神经对于放置刺激电极来说并不容易被访问。不过，副交感和躯体路径来源于同样的骶神经根。支配膀胱壁的副交感神经在直径上小于支配外括约肌的较大的躯体神经纤维，并在神经直径大小上没有明显的重叠。因此，对骶神经根进行刺激将同时引起副交感和躯体神经纤维的响应。然而基于它们的纤维直径大小，传统的刺激电极表现出不自然的神经纤维的相反的招募顺序。直径较大的躯体神经纤维将在直径较小的副交感神经纤维之前被刺激，导致外括约肌在膀胱壁收缩之前发生收缩。因此，膀胱收缩和外括约肌松弛之间的自然生理协调被有效地反转，导致尿潴留、肾回压和感染，从而限制了使用常规刺激技术的有效性。

7.6 Finetech – Brindley 骶神经前根刺激器，Finetech Medical Ltd.

来自 Finetech Medical Ltd. 的骶神经前根刺激器（SARS）利用了外括约肌的横纹肌和膀胱壁的平滑肌之间的肌肉收缩速度上的差异[Brindley,1977]。由于外括约肌比膀胱壁的平滑肌收缩和松弛要快得多，刺激脉冲之间的时间被设置为外括约肌将在每个脉冲持续期间中快速收缩，并在脉冲间快速放松，而平滑膀胱壁将在每个脉冲持续期间缓慢收缩，在脉冲间缓慢松弛（见图 7.2）。

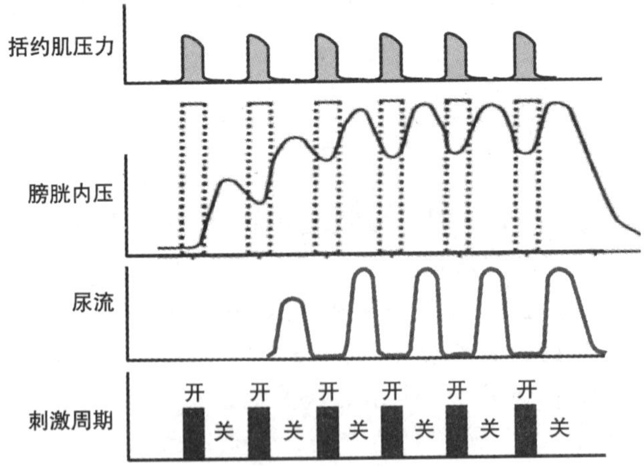

图 7.2 影响排尿的 SARS 刺激策略（版权©Finetech Medical Ltd. 经许可转载）

如果脉冲间隔不是很长，膀胱壁将继续收缩，以至于随后在刺激被关闭时脉冲间隔过程中会发生间歇性排尿（尿流）。在系统植入过程中，骶段的背根通常被切断，从而减少任何会引起骶反射动作以及可能的疼痛感的不希望的传入冲动的影响。

图 7.3 所示的 Finetech – Brindley SARS 包含一个连接到发射器模块的外部数字控制器，该发射块为腹中的皮下植入接收器提供电源和控制信号。从接收器到

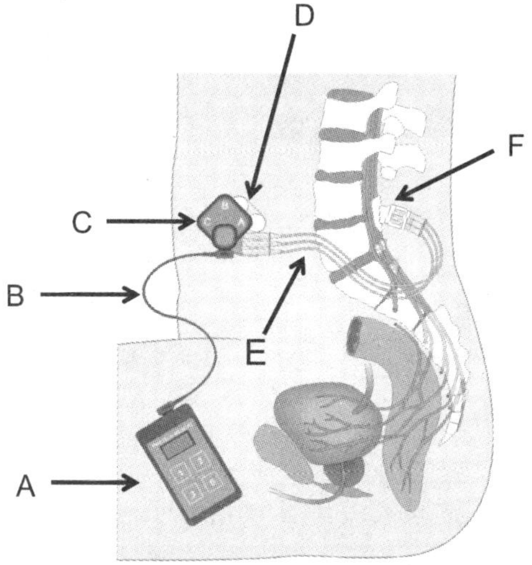

图 7.3　Finetech – Brindley SARS（版权© Finetech Medical Ltd. 经许可转载）
A—外部控制器　B—发射器引线　C—发射器模块　D—植入接收器　E—电极引线　F—电极

植入在骶神经根的电极之间连有电缆。图 7.4 示出了 Finetech – Brindley 刺激器的外部控制器、发射器模块和骶根电极。该骶根电极包含一个“书型”的电极构造，对于一个鞘内植入物来说，扣在 3 个骶神经根 S2 – S4 上，并与腹部的植入接收器相连。

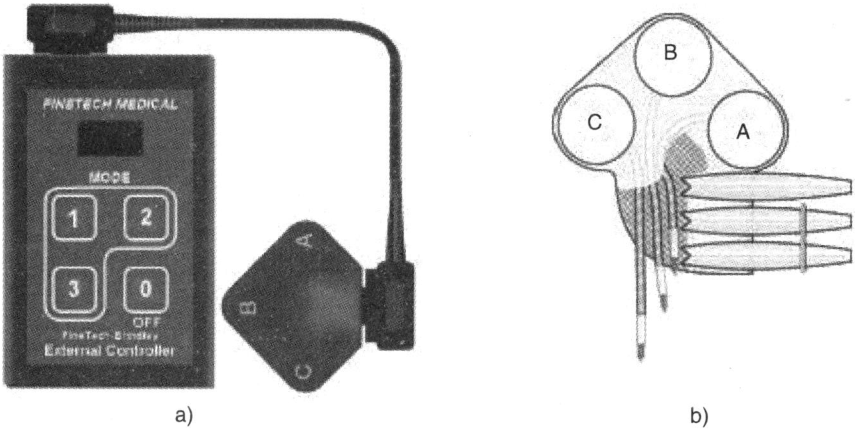

图 7.4　Finetech – Brindley SARS（版权© Finetech Medical Ltd. 经许可转载）
a）外部控制器和发射器模块　b）骶根电极

7.7 Medtronic 的 InterStim®疗法

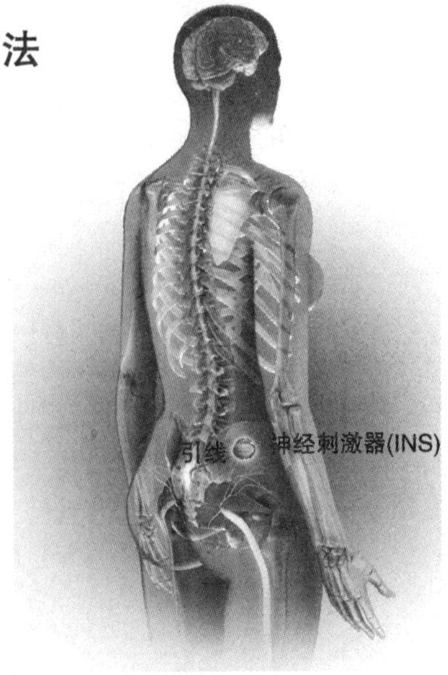

图 7.5 使用 InterStim 系统的骶神经调节
（版权© Medtronic。经许可转载）

结合来自 Medtronic 的 InterStim®系统的骶神经调节被用于治疗 OAB 和尿潴留，并可能通过在靠近骶神经处提供一个轻度的电脉冲，有助于缓解急迫性尿失禁、尿潴留和急尿频尿（见图 7.5）。骶神经调节已经表明能够产生动作电位，该电位对中枢神经系统中的膀胱传入信号的处理进行调制，这反过来对异常传入（感觉）活动进行调节，从而影响膀胱和大脑之间的神经通信。因此，骶神经调节被认为有助于将异常的骶神经活动恢复正常，并影响大脑中负责膀胱控制的高级中枢，恢复更为正常的膀胱功能。

来自 Medtronic 的 InterStim®系统包含一个皮下植入到上臀部区域的神经刺激器（见图 7.6）和置于骶孔中 S3 骶根附近的齿状骶神经电极阵列或引线。InterStim®有两代产品，均使用一个外部患者控制器控制刺激的水平。InterStim I 结合了一个 3.7V 锂 - 亚硫酰氯电池，额定容量为 2.7Ah，具有 10.5V 的最大输出。InterStim® Ⅱ 结合了一个 3.2V 锂/银

图 7.6 InterStim 植入型神经刺激器
（版权© Medtronic。图片由 Medtronic 提供。经许可转载）

钒氧化物混合电池，额定容量为 1.3Ah，并具有 8.5V 的最大输出。这两种神经刺激器均可以提供双相刺激脉冲，脉冲宽度在 60 ~ 450μs，调节间隔为 30μs，脉冲频率在 2.1 ~ 130Hz。刺激通路可以被设置为双极性或单极性，在这种情况下，神经刺激其被作为返回电极。

图 7.7 示出了 3889 型齿状引线，它包括 4 个等距间隔的圆柱形电极接触。

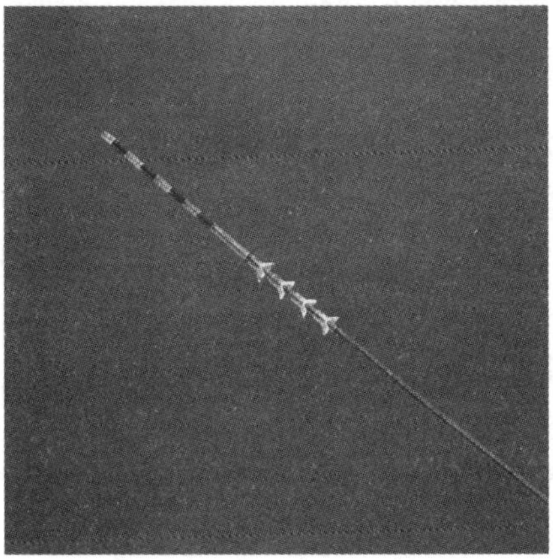

图 7.7　齿状引线（型号 3889）
（版权© Medtronic。经许可转载）

参考文献

Brindley, G.S., 1977. An implant to empty the bladder or close the urethra. J. Neurol. Neurosurg. Psychiatry 40, 358–369.

第 8 章　针对疼痛缓解和管理的电刺激疗法

8.1 ONS

枕神经刺激（ONS）使用电脉冲缓解慢性偏头痛，该病症的起因尚不清楚，但被认为本质上与神经血管相关，并由外部的生理或环境触发导致。每月超过 15 天持续 3 个月以上的头痛和偏头痛被定义为慢性症。原发性头痛被定义为不具有明显的潜在病理问题，而继发性头痛表现出潜在的病理问题。脑部的枕区位于后部朝向头骨的背面，由枕大神经和枕小神经支配，这些神经起源于颈根 C2 和 C3。ONS 缓解慢性头痛的机理并没有被完全理解，不过对枕大神经使用电刺激疗法已经被证明为那些患有慢性偏头痛的人提供了一定的缓解作用。

8.2 St Jude Medical 的面向枕神经 ONS 的植入式脉冲发生器

来自 St Jude Medical 的植入式脉冲发生器（IPG）为难治疗的慢性偏头痛提供了一系列的电疗法，从简单的疼痛管理（Genesis®）到使用非充电的（Eon C™）和充电的（Eon® 和 Eon® Mini）设备的持续疼痛治疗刺激。图 8.1 显示了 Eon® Mini® 该范围内最小的 IPG。

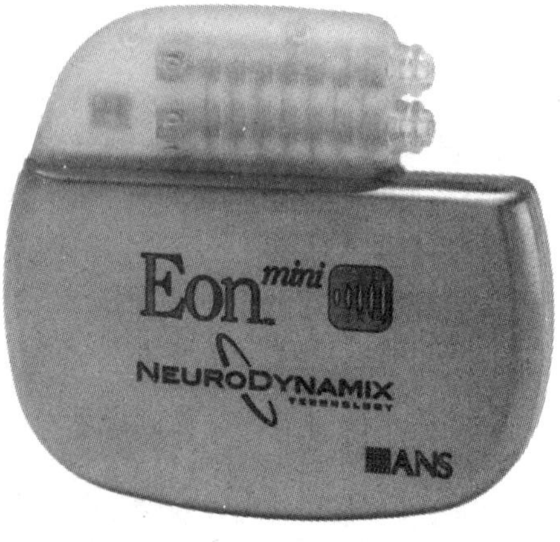

图 8.1　Eon® Mini™

（版权© St Jude Medical。经许可转载）

所有的 IPG 均监测治疗的需求，并采用专有的 NeuroDynamic™ 技术提供高效的电源管理。IPG 结合了恒流源输出，使得任何检测到的电极 - 神经阻抗上的变化均导致输出电压上的调整，以保持一个恒定的施加电刺激场。经皮导线包含 4 个或 8 个电极接触，被放置与枕神经接触。一个外部 Rapid Programmer™ 系统采用 MultiSteering™ 技术帮助找到所需的刺激区域，有效地将电极电流引导至该区域，以优化交付的刺激治疗。Eon® Mini™ 产品尚未经 FDA 批准在美国使用。

8.3　Boston Scientific 的 Precision Plus™ SCS 系统

图 8.2 示出了 Precision Spectra™ SCS 可充电系统，被用于为患有慢性疼痛的患者提供疼痛缓解。该系统包含一个植入腹部、低臀或锁骨下的 IPG 和一个沿着脊髓植入的植入电极阵列，包含 32 个接触，可以是 4 个 8 接触的导线，也可以是 2 个 16 接触的导线，允许更大的覆盖面积。发送到电极的电脉冲被感知为被称为感觉异常的流畅的刺痛感，使疼痛的感觉得到缓解。

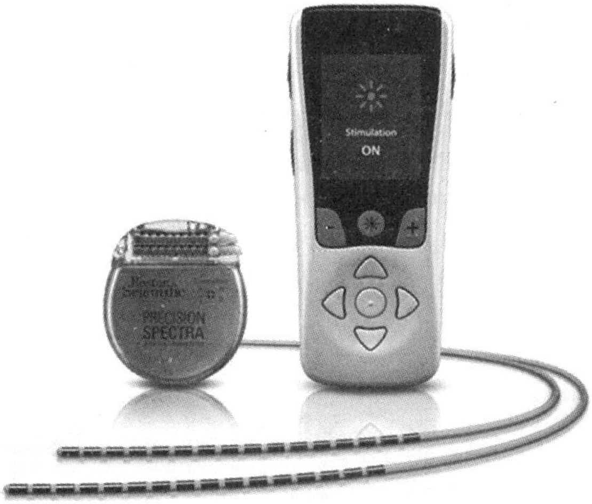

图 8.2　Precision Spectra™ SCS（版权© Boston Scientific。经许可转载）

电极阵列被使用一个硬膜外穿刺针插入，使得电极触点覆盖需要被刺激的脊髓的背柱（见图 8.3）。该 IPG 采用了多重独立电流控制（Multiple Independent Current Control，MICC）技术，即每个电极触点具有自己的独立电源，使得在电极之间可以设置电场。所述 IPG 是电流控制的，在每个电极上提供刺激电压的自动调节，以便在神经 - 阻抗界面因为植入后疤痕组织形成而发生变化时提供恒定的电流。

外部遥控器被用于通过一个电感耦合 RF 遥测链路对 IPG 进行编程，每个程序提供多达 4 个的刺激区域，多达 16 个可能的刺激程序，允许患者针对不同的疼痛问题以及一天中不同时间、不同的姿势对自己的疼痛管理治疗进行定位和控制。该系统由专有的 Illumina 3D™ 软件编程，将导线所处的复杂的三维环境纳入考虑。该算法包含三维引线位置，为改善疼痛定位设计创建了自定义的刺激场。LeadSync™ 技术能够检测相对的引线位置，通过同步平行导线上的触点调节

图 8.3　硬膜外电极的放置（版权© Boston Scientific。经许可转载）

导线的补偿。它被设计成将试验中、永久植入后或手术中对相对的导线运动纳入考虑。

该 IPG 包含一个内部 Zero－Volt™充电电池，当完全放电时不受电流失效所困扰，并可以持续长达 5 年之久，这取决于使用参数和方法。该电池可以通过将电池充电器置于 IPG 部位的上方进行外部充电。

第 9 章　面向帕金森氏症和肌张力失常的电刺激疗法

9.1　简介

常见的影响运动功能和身体运动协调的脑部神经系统紊乱包括帕金森氏症、肌张力障碍和被称为特发性震颤和肌张力障碍的运动障碍。帕金森氏症是一种进行性神经病症，其中脑部黑质区域中神经细胞的丧失导致多巴胺水平的降低，多巴胺使细胞能够参与沟通运动的控制和调节。帕金森氏症的病症包括：肌肉震颤导致头、四肢或身体的不自主晃动，肌肉僵硬经历如四肢或关节的肌肉僵硬，以及被称为运动迟缓的慢肌肉运动，该病症可能导致完全不能移动的失动症。帕金森氏症的病因还没有被广泛理解，并且没有已知的治愈方法，不过用药、治疗和某些情况下的手术可以对病症有所缓解。肌张力障碍的病因不明，但被关联到脑部的基底神经节区域，该区域负责运动。肌张力障碍可以被划分为原发性肌张力障碍，其中脑部没有明显的退化或结构变化，或者继发性肌张力障碍，该病症由创伤、中风、肿瘤、感染或药物相关的问题导致的脑退化或损伤引起。肌张力障碍的病症包括持续不自主的肌肉收缩和肌肉痉挛，导致痛苦的身体扭曲。没有已知的治愈肌张力障碍的方法，不过药物治疗、肌肉松弛剂以及注射到肌肉内的神经毒素如肉毒杆菌能够带来一定的病症缓解。

特发性震颤是另一种运动障碍，其病因未知，表现出类似于帕金森氏症的四肢、头部和躯干的快速而有节奏的震颤症状。不过，当受影响的部位运动时震颤变得更加明显，而帕金森氏症中，震颤发生在没有运动的休息时间。

功能性电刺激在帕金森氏症和肌张力障碍的治疗中提供了一个替代疗法，虽然它通常在药物之外使用。通过向负责运动功能的脑部区域施加一个电刺激，可以通过阻断引起与帕金森氏症和肌张力障碍相关的症状的神经信号，实现对肌肉运动的一定控制。进行电刺激的脑部区域包括丘脑下核或内侧苍白球。电极被放置在脑的两侧用于这些区域的双边刺激。在震颤的情况中，丘脑的腹中间核被靶向进行单边刺激。通常使用图像扫描技术对电极刺激部位进行映射和定位，例如磁共振成像和计算机扫描断层，从而可以利用立体定向手术植入电极。

9.2 Vercise™DBS，Boston Scientific

通过向脑部的丘脑下核或内侧苍白球区域施加电刺激疗法，Vercise™深脑部刺激器（Deep Brain Stimulator，DBS）被用于治疗晚期帕金森氏症以及原发性和继发性肌张力障碍。电脉冲被使用电极间导向的电流源送达，电极利用了多个独立电流控制（Multiple Independent Current Control，MICC），其中每个电极都有自己的独立电流源。因此，可以对电极间进入脑组织的电流场深度进行控制，并且减少对相邻的神经组织的不希望的刺激。每个电流源电极可以被编程在一个不同的频率下操作，对脑部的特定靶向区域进行更精细的电流控制。

Vercise™ DBS 系统包含一个植入式刺激器、导线、遥控器和无线充电单元（见图 9.1）。充电电池拥有 25 年的预期电池寿命，并采用了专有的 Zero Volt™技术，使得电池可以在无随后的电池失效或损害的情况下被彻底放电。植入式刺激也被进行外形设计，从而更舒适地适应颅骨的形状。刺激疗法包括单相或双相电流脉冲，具有 10～450μs 的可编程脉冲宽度，最大振幅为 20mA，刺激频率在 2～255Hz。无线遥控器允许对刺激参数进行调节，以实现最佳性能表现。电极阵列包含两个引线，每一个具有 8 个环形电极触点。电极覆盖 15.5mm 的区域、1.5mm 的触点长度以及 0.5mm 的电极触点间距。电极引线具有多腔螺旋结构，被设计成可避免电缆短路，并可精确定位。

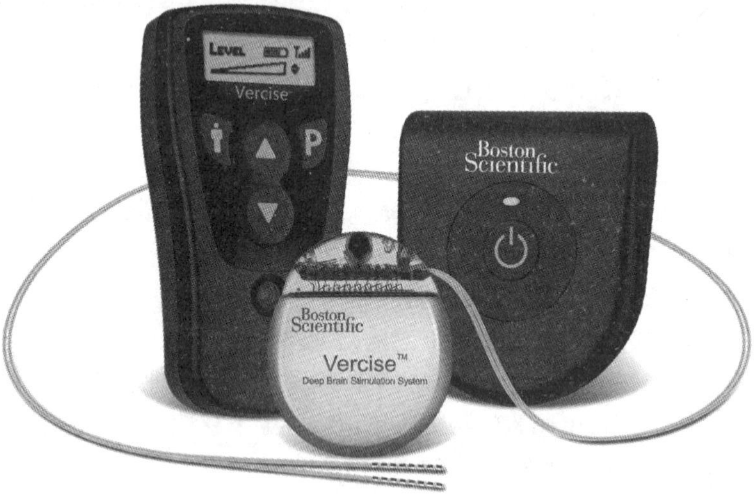

图 9.1 Vercise™ DBS（版权© Boston Scientific。经许可转载）

9.3　Medtronic 的 Activa PC + S DBS

Activa® PC + S 是一个研究型 DBS 系统，目前被用于研究帕金森氏症、肌张力障碍、特发性震颤和抗治疗强迫症（OCD）的治疗。该系统包括一个植入式神经刺激器、两个引线，每个引线具有 4 个电极，以及两个植入式延长引线。电极被插入到脑部，在耳后头皮下与引线延长线相连，该延长线经皮肤沿颈部延伸至刺激器，刺激器被皮下植入在锁骨附近的上胸部区域（见图 9.2）。引线被用于递送刺激脉冲，以及记录来自电极的局部场电位（LFP）。实时 LFP 即使在电刺激期间也可以被记录。一个外部控制器 Clinician Programmer 被用于提供刺激参数的无线传输，并接收感应的和记录的脑电活动。

图 9.3 示出了双通道 Activa® PC + S 神经刺激器，该刺激器集成了一个预期寿命为 3 ~5 年的内部电池，具体寿命取决于刺激需求。

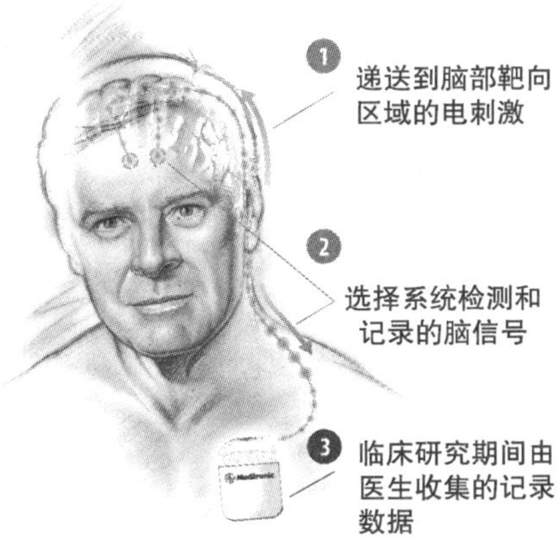

图 9.2　Activa® PC + S DBS 系统
（版权© Medtronic。经许可转载）

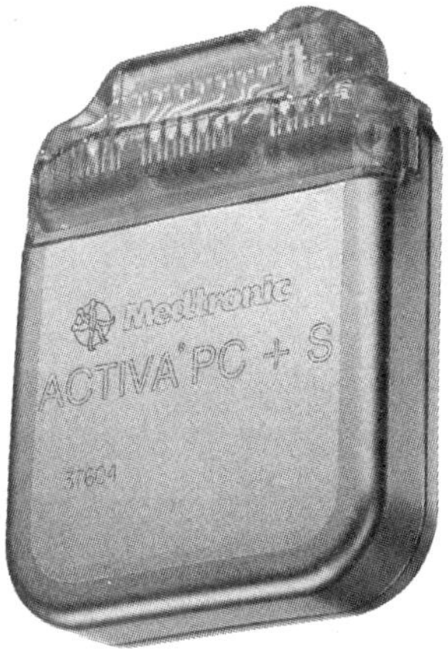

图 9.3　Activa® PC + S 神经刺激器
（版权© Medtronic。经许可转载）

9.4　St Jude Medical 的 Brio™ DBS

来自 St Jude Medical 的 Brio™ DBS 神经刺激器被用于治疗帕金森氏症以及原发性和继发性肌张力障碍。Brio™ DBS 包含植入到脑部的电极和经颈部皮下延伸至神经刺激器的引线延长线，神经刺激器被皮下植入在接近锁骨的上胸部区域（见图 9.4）。外部编程器被用于优化刺激参数，外部患者控制器允许患者检查电池状态，并打开和关闭刺激器。

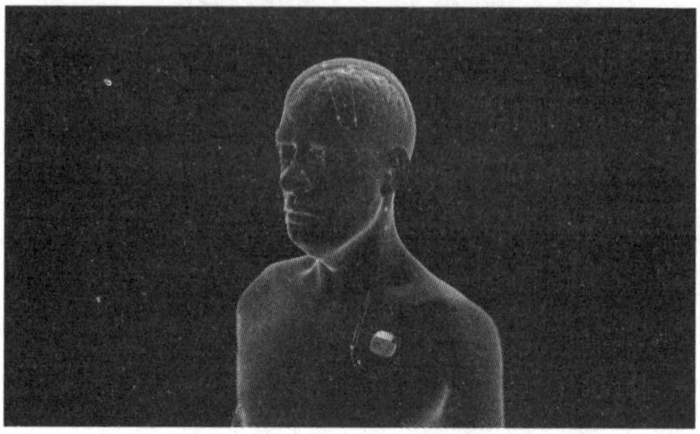

图 9.4 Brio™ DBS 神经刺激器（版权© St Jude Medical。经许可转载）

图 9.5 显示了 Brio™神经刺激器，它采用了保持刺激一致性的恒定电流源和来自单一设备的双边刺激。该神经刺激器使用了一个从外部无线充电器充电的高容量充电电池，能够在高参数设置下提供至少 10 年的持续治疗。

图 9.5 Brio™神经刺激器
（版权© St Jude Medical。经许可转载）

第 10 章　面向癫痫的电刺激疗法

10.1　简介

癫痫是中枢神经系统病症，与脑电活动的不规律事件相关，导致经常性的癫痫发作（痉挛）。这些发作可以被划分为部分性发作，也被称为局灶性癫痫发作，其中脑部的一个较小区域（病灶）受到影响，或全身发作，其中脑部的大部分区域受到影响。部分性癫痫发作还可以被进一步划分为简单癫痫发作，其中患者在整个发作过程中完全清醒，或复杂部分性癫痫发作，它会影响到脑部的较大区域，并导致混乱和意识障碍。另一方面，全身性发作影响脑部的绝大多数区域，导致无意识以及不受控制的肌肉抽搐和颤抖。继发性全身发作是部分性发作扩散到脑部的其他区域，发展成为全身发作。在癫痫发作前，人们可能有某种意识或预兆癫痫将要发生。另一种形式的癫痫发作是长达 30min 以上的持续癫痫状态，这可能导致脑损伤，并且可能是致命的。当癫痫发作对药物治疗无反应时，该癫痫症被称为难治性或抗药性癫痫，其定义是两次耐受的、适当选择和使用抗癫痫药物（AED）以实现持续无发作的充分试验的失败[Kwan等人,2010]。

癫痫发作的病因不总是已知的，并且可以受到身体创伤如中风、肿瘤和头部受伤，由药物治疗、低血糖或麻醉药品带来的化学失衡，感染如脑膜炎，甚至是闪灯所影响。不管脑损伤的原因是什么，癫痫发作与神经元电信号的中断或紊乱相关，从而导致无法控制的脑电活动，有时被称为电风暴。癫痫不能被治愈，但可以通过药物治疗、受控饮食、神经手术或电刺激得到一定程度的控制。AED 可以阻止癫痫发作的发生，但一旦发作，它们不能将其停止。生酮饮食依赖于体内的脂肪源提供能量，而不是依赖于来自碳水化合物的葡萄糖的分解。体内脂肪分解产生的酮化合物已知有助于防止癫痫发作。生酮饮食本质上是一种高脂肪、低碳水化合物的受控蛋白质饮食。神经手术和电刺激可以被用于识别脑部负责癫痫发作的区域。癫痫发作的焦点被称为癫痫灶，它可以被手术切除或与脑部的其他部分分离出来。通过植入到深部脑结构如丘脑中的电极提供电刺激，深部脑刺激被用于控制癫痫发作活动。据证明，对丘脑的前核（ANT）进行电刺激可以显著地减少癫痫发作的频率[Fisher等人,2010]。在检测到异常脑电活动时向癫痫灶递送电刺激的响应皮层刺激也已被证明可以减少癫痫发作的频率[Morrell等人,2011]。

迷走神经刺激（VNS）也可以被用于癫痫的治疗，其中电刺激脉冲被施加到颈部的左迷走神经，作为向脑部提供电刺激的一个手段。VNS 已经被证明可以减少癫痫发作的频率，但是仅作为处方 AED 的一个补充治疗方法。

10.2　癫痫发作检测方法

减少癫痫发作的有效性不仅取决于有效地对癫痫灶进行治疗，还取决于对癫痫发作的检测。神经脑活动由来自放置在脑部之上或内部的电极的脑电图（ECoG）所记录。当异常 ECoG 被检测到时，刺激脉冲被输送以干扰异常活动，并使其正常化。特定患者 ECoG 记录的模板和波形检测算法可以有助于在癫痫发作前对癫痫发作的分析和预测进行优化，产生后续的电刺激响应。

患有癫痫病人的脑电波（EEG）记录显示出异常脑活动的两个明显不同的阶段，分别为代表癫痫发作的发作前期区域和代表实际癫痫的发作期区域。发作前期区域的特征是独特的尖峰和尖锐的瞬态波形，而发作期区域显示出异常快速的脑电活动。图 10.1 显示出了 B2 和 A1 检测到的异常 ECoG，以及在 Tr 点处递送的电刺激，随后 ECoG 返回到刺激后的基线。在刺激期间和之后，有一个短暂的显示为平坦的线的传感放大器消隐。

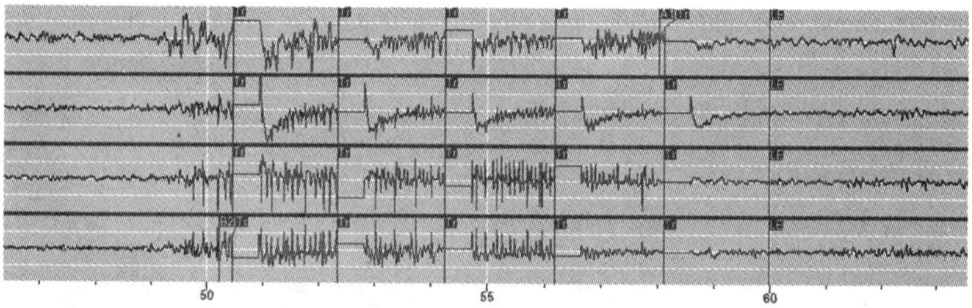

图 10.1　异常 ECoG 活动（B2 和 A1）以及电刺激后正常化的活动（Tr）（版权© NeuroPace。经许可转载）

对发作前期尖峰的检测可能为即将发作的癫痫作出早期预警。继而，若干尖峰检测算法被开发，基于尖峰特性如幅度、持续时间和坡度对癫痫发作进行预测。这些算法主要包括在时域或频域对 EEG 波形的部分进行取样，提取相关特征，并将尖峰参数划分成已知的预定义特征的先验。用于自动癫痫发作检测的技术包括：模拟、模板匹配、小波分析和人工神经网络。

模拟技术如半波方法使用峰值检测器技术将 EEG 波形在连续的最大值和最小值之间进行分段。从相邻和相反方向的段获得半波，从半波提取出幅度和持续时间特性。一个波包含两个紧接的半波，从中波的斜率特征可以被提取出来。通过对半波的振幅去平均值，运行平均值可以被确定，并用于与尖峰幅度作比较。其他可以用于提取的特征包括：面积、能量和功率谱密度。

模板匹配包括将 EEG 的一部分与已知描绘发作前期事件的发作前期 EEG 模板相关联，将输出与一个阈值相比较，如果超过该阈值，则表明检测到可能的癫痫发作。

频域分析将 EEG 波形分解成频带用于后续的分析，通常使用快速傅里叶变换、加窗傅里叶变换或离散小波变换进行。

人工神经网络利用一个初期培训期，在此之后该网络学习如何检测来自 EEG 波形的、可能指示出癫痫发作的参数和特征。

10.3 NeuroPace RNS® Stimulator 神经刺激器

NeuroPace RNS®神经刺激器被用于治疗成人部分性和/或继发性全身癫痫发作，它通过检测特定类型的脑电活动，利用自适应水平的电刺激进行响应，有效地在癫痫发作之前将电活动正常化。在植入前，为了确定随后的电极部位和刺激阈值水平，EEG 记录和图像扫描技术如 MRI 被用于帮助识别不超过两个的可能诱发癫痫发作的癫痫灶位点。

NeuroPace RNS®刺激器使用了 3 个癫痫发作检测技术：半波、面积和线长，所有这些都被配置成参数，可根据性能优化进行调节。线长算法同时对振幅和频率变化进行检测，其中线长被定义为在一个较短的时间窗口内绝对的样品对样品差异的平均值，该值随后被与一个较长时间窗口内的平均值进行比较。当超过一个正的或负的阈值时检测发生。面积算法类似于识别与频率无关的能量变化，其中面积被定义为一个较短时间窗口内的曲线下的平均绝对面积，该值随后被与一个长期背景窗口曲线下的平均面积作比较。当超过一个正的或负的阈值时检测发生。

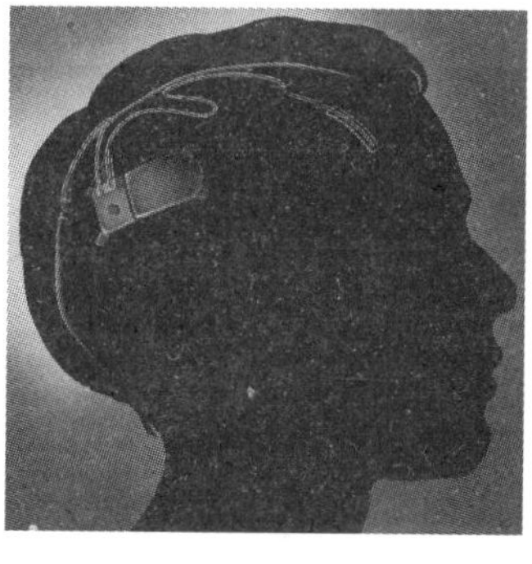

图 10.2　包括 RNS 神经刺激器、NeuroPace® Cortical Strip Leads 和 NeuroPace® Depth Leads 的 Neuro Pace RNS®系统（版权© NeuroPace。经许可转载）

图 10.2 描绘了植入到颅骨内的 NeuroPace RNS® 神经刺激器，它与一个 NeuroPace® Cortical Strip Lead 和一个 NeuroPace® Depth Lead 相连。该神经刺激器包含 4 个可以连续感测的输入通道，可以随时记录长达 30min 的 ECoG 活动，并存储于神经刺激器中。当检测到异常 ECoG 图案时，神经刺激器通过向癫痫灶递送一系列刺激脉冲作出响应，以干

扰并正常化 ECoG 活动。根据癫痫灶的位置，可以使用两种类型的颅内引线电极（见图 10.3），植入在脑部表面的 Cortical Strip Lead 和植入到脑内的 Depth Lead。每个引线包含 4 个电极，这些电极与两个四输入通道中的一个相连。

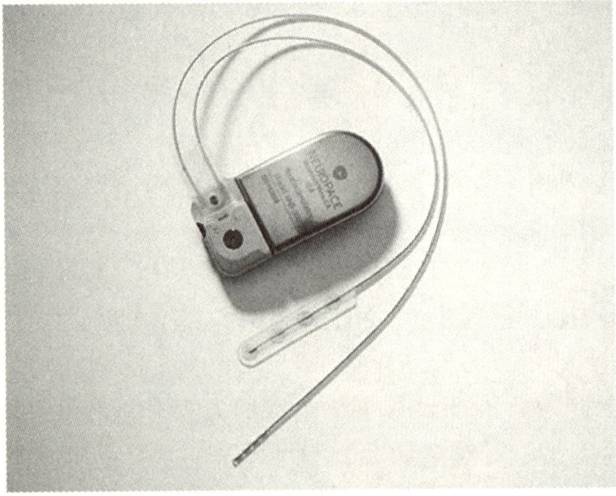

图 10.3　NeuroPace RNS® 神经刺激器、NeuroPace® Cortical Strip Leads 和 NeuroPace® Depth Leads（版权© NeuroPace。经许可转载）

图 10.3 所示的神经刺激器可以被编程以监测一个或两个癫痫灶，并且可以在检测到特定的 ECoG 图案时提供高达 5 个独立的顺序刺激模式。刺激序列包含双相电流脉冲，每相的可编程脉冲宽度为 40 ~ 1000μs，频率范围为 1 ~ 333Hz，最大电流输出为 12mA。每个刺激模式可以包含两个独立配置的持续时间在 10ms ~ 5s 的刺激阵。外部编程棒允许 ECoG 数据、刺激参数和神经刺激器状态的感应无线传输。可以通过将一个外部磁铁置于植入物上方抑制刺激，如果进行编程，置于植入物上方的磁铁可以触发 ECoG 活动的记录。神经刺激器由一个 3V、705mAh 容量的电池供电，取决于使用情况，该电池的预期操作寿命为大约 4 年。

10.4　Cyberonics Inc. 的 VNS

Cyberonics 迷走神经刺激器 VNS 包括一个植入式脉冲发生器、引线、电极和外部编程器。刺激器被皮下植入到左上胸区域，与连接到左迷走神经的双极电极相连（见图 10.4）。刺激疗法包括经过左迷走神经送至脑部的设有时间间隔、黑夜和白天的电流脉冲。该刺激器结合了一个内部簧片开关，当病人有意识或预兆要癫痫发作时，通过一个外部磁铁激活该开关，从而产生按需刺激。只要简单地将磁铁置于植入物上方即可启动刺激疗法。两种磁铁被提供：一个是连接到腕带的手表式磁铁；另一个是连接到腰带或皮带的寻呼机式磁铁。

脉冲发生器（见图 10.5）采用 CMOS 技术实现，由一个内部 3.3V 锂 - 氟化碳电池供电，该电池由一个内部 DC - DC 转换器助推，输出电压最高可达 12V。刺激脉冲包括电荷平衡双相电流脉冲，可以编程为以 0.25mA 为间隔高达 3.5mA，脉冲宽度范围是 130 ~1000μs，可编程的刺激频率高达 30Hz。电池具有的最大额定值为 1.7Ah，使得该刺激器能够持续长达 10 年之久。一个编程棒被用于与植入设备双向感应耦合数据。

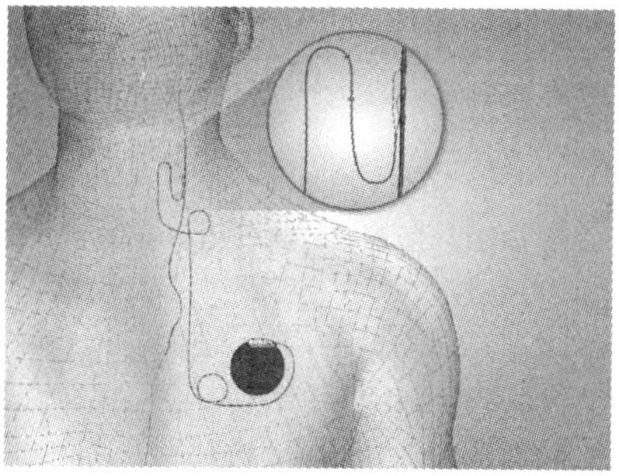

图 10.4　Cyberonics VNS（版权© Cyberonics。经许可转载）

图 10.5　Cyberonics Therapy Aspire® HC 型号 105（版权© Cyberonics。经许可转载）

参 考 文 献

Fisher, R., et al., 2010. Electrical stimulation of the anterior nucleus of thalamus for treatment of refractory epilepsy. Epilepsia 51, 899–908.

Kwan, P., et al., 2010. Definition of drug resistant epilepsy: consensus proposal by the ad hoc Task Force of the ILAE commission on therapeutic strategies. Epilepsia 51 (6), 1069–1077.

Morrell, M.J., 2011. RNS system in Epilepsy Study Group. Responsive cortical stimulation for the treatment of medically intractable partial epilepsy. Neurology 77 (13), 1295–1304.

第 11 章　PNS

人体神经系统被分为两个主要区域：由脑和脊髓组成的中枢神经系统（CNS），以及由 CNS 分支和包括胳膊、腿和重要器官的人体受神经支配区域组成的周围神经系统（PNS）。周围神经为人体和 CNS 之间提供了双向的感觉和运动神经通信，使得周围神经刺激器能够提供一定形式的肌肉运动功能恢复以及感觉疼痛管理疗法。

11.1　足下垂刺激器

11.1.1　简介

在一个正常的步态模式中，膝盖延伸，小腿向前摆动时脚弯曲并向上凸起（背屈），以避开地面。然后腿伸出，身体向前移动，导致脚跟着地，之后跟随着脚着地出现脚的延伸（跖屈曲）。这之后跟随着步态中的“足趾离地”阶段，其中在步态的蹬离阶段过程中脚跟开始提起（见图 11.1）。

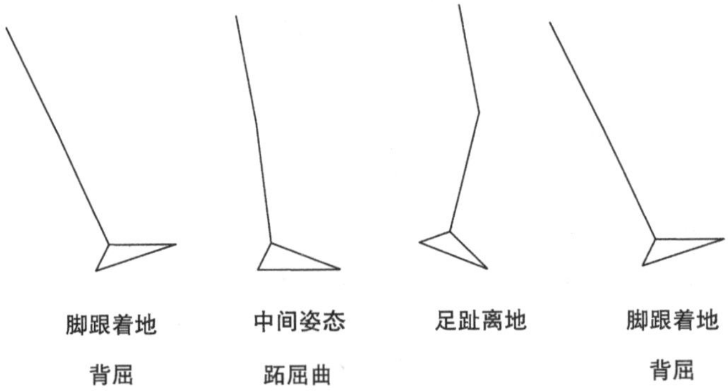

图 11.1　步态中的背屈和跖屈曲阶段

偏瘫足下垂是脚着地后步态中断的一个常见原因，其中身体的一侧部分或完全瘫痪。患有足下垂的患者对于背屈没有自主的控制，导致脚跟着地之后足部“拍”在地面上，并在步态的摆动阶段中被拖动。可以通过电刺激支配胫骨肌的神经实现背屈，该肌肉是负责背屈的主要肌肉，或者刺激腓总神经，它唤起背屈响应，并引起膝盖和足部的弯曲，将足部从地面提起。当足部经历背屈时，神经电刺激还可以引起脚踝的旋转（翻转）。随后，一些刺激器提供一个额外的通道刺激腓浅神经分支，以提供脚踝的旋转矫正。表 11.1 给出了用于足下垂矫正的神经支配和肌肉群。

表 11.1 用于足下垂矫正的神经支配和肌肉群

神经	肌肉	行动
腓深神经	胫骨前肌	足背屈，足内翻
	拇长伸肌	伸展大脚趾足背屈足内翻
	趾长伸肌	足背屈
	拇长伸肌	伸展脚趾
	第三腓骨肌	足背屈；足外翻
	趾短伸肌	伸展脚趾
	趾短伸肌	伸展大脚趾
腓浅神经	腓骨长肌	足跖屈 足外翻
	腓骨短肌	足跖屈 足外翻

针对背屈进行电刺激的时机发生在脚跟着地后不久，这可以通过在鞋底安装一个脚踏开关实现，检测到脚跟着地的发生，解除针对背屈的电刺激，使得足部自然下落。在足趾离地时，脚跟开关上的压力被释放，激活刺激器，唤起步态摆动阶段的足部背屈。检测脚跟着地的替代方法包括使用加速度计检测步态的摆动阶段，以及使用腓肠神经上的植入式传感器检测与脚跟着地相关的感觉神经活动。

11.1.2 STIMuSTEP®，Finetech Medical Ltd.

STIMuSTEP®通过对支配脚踝背屈和外翻所需的麻痹肌肉的神经施加电刺激，被用于帮助矫正足下垂。

图 11.2 中的 STIMuSTEP®包含一个植入式接收器（D）、一个铂－铱线制得的电缆（E）和两对分别植入到腓总神经深支的神经外膜和腓总神经浅支的神经外膜的双极神经外膜线状电极（F）。置于鞋内脚跟下的脚踏开关（C）与一个绑在小腿（B）上的外部控制器（A）相连。电源和控制信号被从外部控制器通过接收器－发射器线圈感应地传输到接收器。

在步态摆动期开始时，脚踏开关检测到脚跟抬起，向外部控制器发出信号，从而向接收器传输功率和控制信号，接收器随后向两个双极神经电极提供电刺激

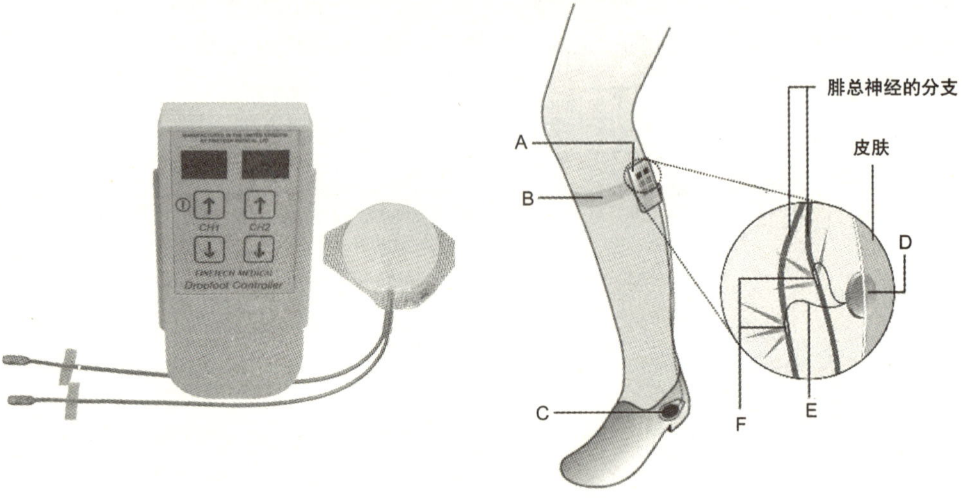

a) b)

图 11.2 STIMuSTEP®足下垂刺激器（版权© Finetech Medical Ltd. 经许可转载）

a）硬件系统及 b）应用

模式，以唤起足部的背屈和旋转。该刺激包括刺激速率为 30Hz 的单相脉冲。

图 11.3 示出了针对足下垂的刺激模式，包括增加的刺激脉冲宽度，在脚跟提起后斜坡上升，然后在脚跟着地后的一段编程的延迟期间后斜坡下降。两个通道的刺激脉冲是交织互补的，使得在步态的摆动期内任何时间都有一个双极电极是活跃的。表 11.2 提供了植入物的可编程刺激参数。

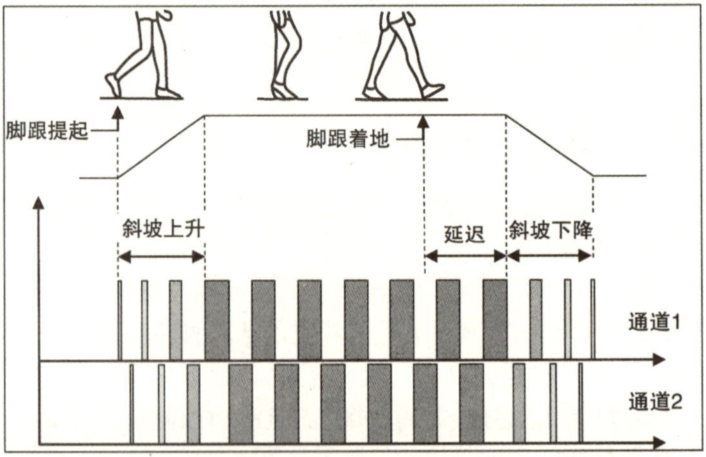

图 11.3 针对足下垂的刺激模式（版权© Finetech Medical Ltd. 经许可转载）

表 11.2　可调节的刺激参数

参数	显示	范围	单位	描述	默认值
输出功率水平	Po	1~2	输出功率水平	选择控制器的电源电压	1
脚跟着地超时（T_{hsto}）	Ht	0.1~5.0	0.1s	在无脚跟着地的情况下斜坡下降前的时间	3
斜坡上升时间 1（T_{ru1}）	u1	0.0~5.0	0.1s	通道 1 中刺激斜坡上升至预设水平所需的时间 1	0.5
斜坡上升时间 2（T_{ru2}）	u2	0.0~5.0	0.1s	斜坡上升时间 2	0.5
斜坡下降时间 1（T_{rd1}）	d1	0.0~5.0	0.1s	通道 1 中刺激斜坡下降至 0 所需的时间	0.2
斜坡下降时间 2（T_{rd2}）	d2	0.0~5.0	0.1s	通道 2 中刺激斜坡下降至 0 所需的时间	0.2
延迟时间 1（T_{ext1}）	E1	0.0~5.0	0.1s	通道 1 中脚跟着地与斜坡下降之间的时间延迟	0.3
延迟时间 2（T_{ext2}）	E2	0.0~5.0	0.1s	通道 2 中脚跟着地与斜坡下降之间的时间延迟	0.3
空闲超时（正常模式）	tO	01~60	min	正常模式下的自动关机时间	60
空闲超时（设置模式）	tS	01~10	min	水平模式和参数模式下的自动关机时间	10

11.1.3　ActiGait®，Ottobock

ActiGait®被用于矫正足下垂，或可能由中风引起的弱背屈，中风可引起背屈中涉及的肌肉的部分或完全瘫痪。

图 11.4 中的 ActiGait®包含一个四通道植入式刺激器，它被皮下植入到大腿中，与一个袖套电极相连，该电极被植入到膝盖的腘窝上方腓总神经的周围。该袖套电极包含 12 个铂 - 铱神经接触盘，被分为含有 3 个触点的 4 组，与刺激器的 4 个独立通道相连（见图 11.5）。该电极布局使得能够在腓总神经内对不同神经群进行刺激，提供对踝关节背屈和平衡外翻/内翻所需要的胫骨和腓骨肌肉群的有选择的激活。

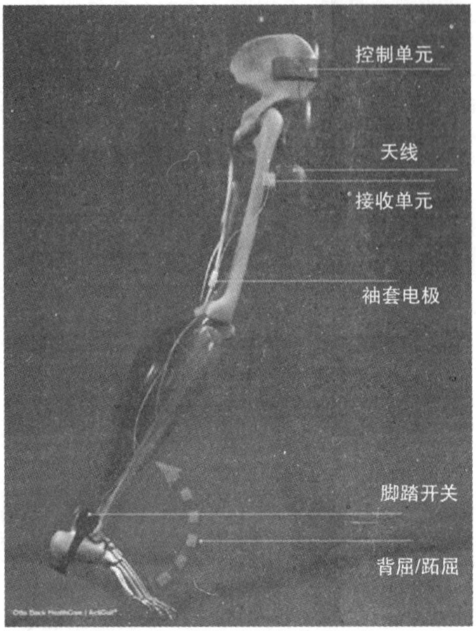

图 11.4 ActiGait®足下垂刺激器系统
（版权® Ottobock。经许可转载）

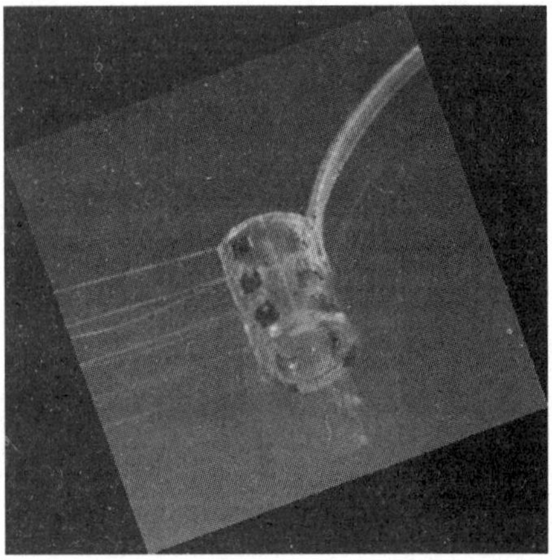

图 11.5 多通道袖套电极
（版权© Ottobock。经许可转载）

天线被连接到植入式刺激器上方的皮肤上，并通过一个外部引线与控制器相连，该控制器可以夹在用户佩戴的皮带上。脚踏开关被固定在一个专有的袜子里，置于鞋内的脚下，在步态的摆动期内向控制器无线传输信号，以开启对腓总神经的刺激，从而影响足部背屈。脚踏开关由自己的电池供电，该电池的预期寿命为 1 年，而控制器则是完全可以充电的。

11.2 手握动作刺激器

中风和脊椎损伤患者，尤其是涉及上运动神经区域，可能丧失手功能，导致握手能力的丧失。这归因于对手腕和手指延伸来说至关重要的前臂伸肌的神经激活的部分或全部丧失。在握紧时，手指由手指和手腕的伸展所释放。

有 3 种支配手的主要神经：桡神经、尺神经和正中神经。桡神经的一个分支，骨间后神经支配前臂伸肌，提供手腕、手指和拇指的延展。表 11.3 列出了支配手部功能的主要运动神经。

表 11.3 手部功能的运动神经支配和肌肉群

神经	肌肉	行动
骨间后神经	尺侧腕伸肌 小指伸肌	伸展手腕、手指和拇指
神经	指伸肌 示指伸肌 桡侧腕短伸肌 桡侧腕长伸肌	
尺神经	骨间肌	伸展开手指 手指在关节处弯曲
	拇收肌	拇指向手部收回
正中神经	大鱼际肌	拇指对指

11.2.1 STIMuGRIP®, Finetech Medical Ltd.

STIMuGRIP®利用电神经刺激帮助恢复对腕伸以及随后打开手时手指伸展的控制，恢复手握的功能。

STIMuGRIP®系统包含一个连接到两对 epimysial 电极的双通道植入式接收器，一个外部控制器和连接到手臂外面的积分三轴加速度计（见图 11.6）。该 epimysial 电极包含固定到一个绝缘背衬上的 4mm 直径铂电极，以减少电刺激向其他可刺激组织的传播。电极被以双极型结构使用，一对电极被置于桡侧腕短伸肌的运动点上，以唤起和保持手腕的伸展，而另一对电极被置于骨间肌上以伸展手指。控制器对手臂的角位移进行检测，从而可以基于检测到的角运动预先编程不同的刺激策略，以满足较广范围的活动。例如，将前臂移动到水平位置启动方案 1 的刺激策略，这可以是手腕伸展，随后手指伸展，当手臂收回时，刺激停止，由于手部的自然痉挛，手指在感兴趣的物体周围合拢。反之，将手臂从一边移动到另一边启动方案 2，用于手腕的伸展，但没有后续的手指伸展。

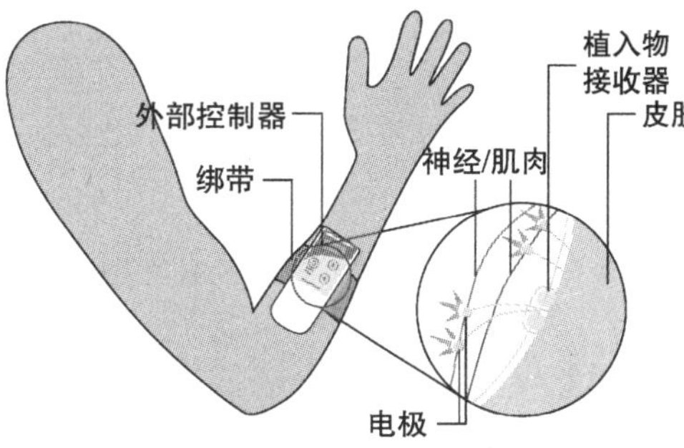

图 11.6 STIMuGRIP®系统
（版权® Finetech Medical Ltd. 经许可转载）

图 11.7 示出了一个刺激周期的例子，其中抬起前臂触发对手腕伸展和张开

双手的手指伸展的刺激。在一个预定时间间隔后，对手指延伸的刺激被关闭，导致手部因其自然痉挛而闭合于物体周围，然后物体可以被提起。当前臂降低时，在打开手并释放物体的刺激之前有一个预定的时间间隔。进一步降低手臂将关闭刺激器。

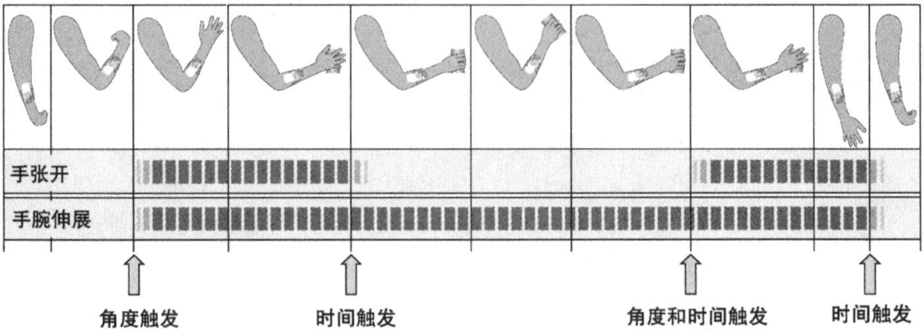

图 11.7　握住并抬起一个玻璃烧杯的刺激周期的例子
（版权© Finetech Medical Ltd。经许可转载）

第 12 章　下食管刺激器

12.1　简介

胃本质上是一个中空的肌肉器官，它分泌蛋白消化酶和盐酸，以帮助消化通过食管进入的食物。食管与胃相遇的区域周围的较厚的肌肉组织层形成下食管括约肌，其通常处于收缩状态，以防止胃酸回流至食管。该下食管括约肌会针对吞咽、打嗝和呕吐打开。胃部的胃皱襞允许胃部扩展，并通过定期收缩帮助消化。部分消化的食物随后通过幽门括约肌被压出胃部，到达形成小肠的一部分的十二指肠。

总称胃食管反流病（Gastro－oesphageal Reflux Disease，GORD），又称为Gastro－esophageal Reflux Disease（GERD），对最常见的与胃酸回流相关的胃肠功能紊乱进行了识别。如果胃酸从胃漏入食管，这种胃酸回流通常被感知为烧心，一种进食后胸内的灼烧感。反胃是胃酸在口中被品尝的情况。当食管的内壁受到胃酸的刺激并发炎时发生食管炎，这可以导致疮痛和溃疡。在严重的情况下可能导致巴雷特氏病，并引起食管癌。在大多数情况下，与GERD相关的病症可以通过改变饮食结构、药物如蛋白质泵抑制剂，以及极端情况下进行手术得到治疗。

通常情况下，当食物被吞下时食管括约肌松弛，随后通过肌肉收缩关闭，以防止胃酸回流。然而，如果食管括约肌不能正常工作，则可能会出现胃酸回流（见图12.1）。

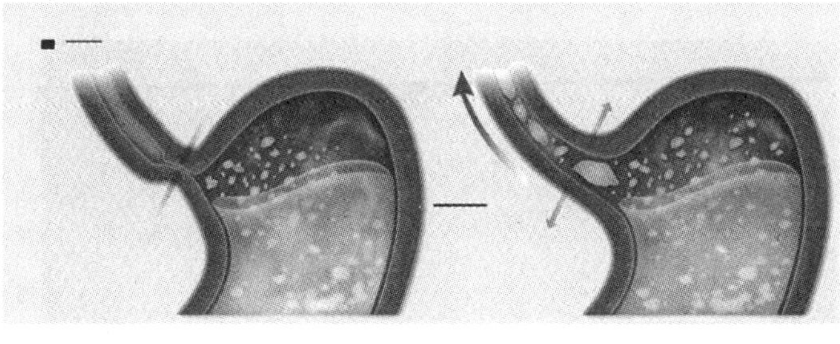

a)　　　　b)

图12.1　食管和胃之间的食管括约肌（版权© EndoStim。经许可转载）

a）正常关闭　b）回流

对于 GERD 的一种替代治疗是对下食管括约肌进行电刺激，以促进括约肌的充分收缩和闭合。这在不影响食管括约肌松弛的前提下有效地阻止了胃酸回流，允许正常的吞咽功能。

12.2 EndoStim®下食管刺激器

来自 EndoStim®的下食管刺激器（LES）通过植入在下食管括约肌内的肌肉内（IM）电极进行刺激，在保持正常的吞咽功能的同时有效地关闭括约肌，防止回流。图 12.2 示出了 a 正常闭合的括约肌和 b 胃酸回流，而 c 示出了 IM 电极在下食管括约肌内的放置，以影响括约肌的收缩乃至闭合。

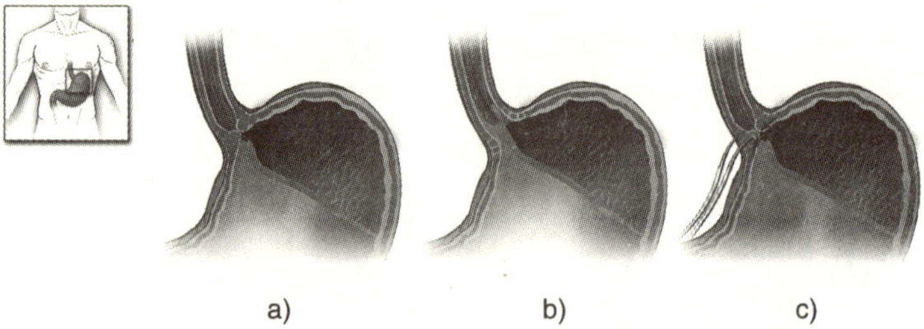

图 12.2 下食管括约肌（版权© EndoStim。经许可转载）

a）正常关闭 b）回流 c）IM 电极的放置

该 LES 系统包括一个植入式脉冲发生器（Implantable Pulse Generator，IPG）和一个双极型电极引线，该引线的末端包含一对铂 - 铱双极针电极。第一代 LES IPG 在标称参数下操作的预计电池寿命大于 10 年，而较小的二代 IPG 在标称参数下操作的预计寿命为大于 7 年（见图 12.3）。

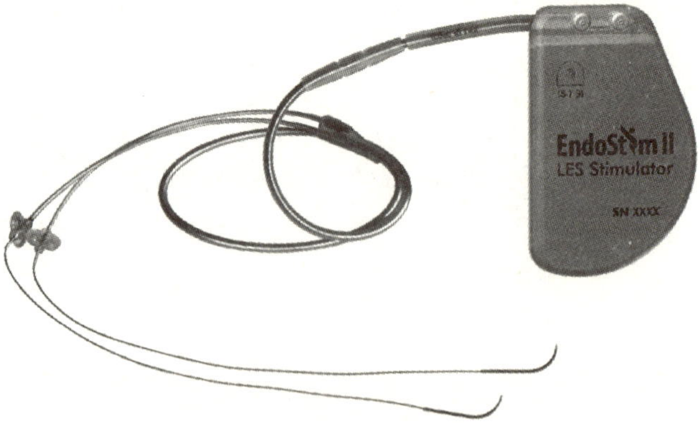

图 12.3 下食管刺激器（版权© EndoStim。经许可转载）

电极是利用常规腹腔镜和胃食管交界处的内窥镜可视化进行手术植入的。电极被植入到食管的右前象限中的肌肉层中（见图 12.4），并由硅蝴蝶标签进行固定。电极引线穿过腹壁递送并与 IPG 相连，IPG 被植入到腹部左上象限的皮下袋中。植入之后，IPG 被询问，并通过一个置于 IPG 位点上方的无线编程棒进行编程。

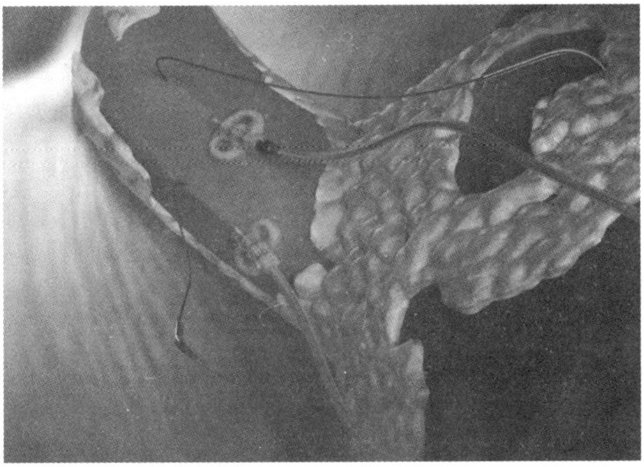

图 12.4　插入到下食管括约肌肌肉内的双极型针电极（版权© EndoStim。经许可转载）

所施加的刺激脉冲包括一个标称振幅为 5mA（范围 3～8mA）的 215μs 宽的负相单相脉冲，随后是一个最大振幅为 1mA 的 20ms 电荷平衡相（见图 12.5）。每一个治疗周期为 30min 的 20Hz 下施加的刺激，每天可重复多达 12 次，根据患者的症状和基准 24h pH 值记录，在进餐前或回流前递送。为了满足患者的个人需求，刺激可以通过调节治疗周期的数量和定时以及刺激参数被优化，以解决残留症状、次优症状或 pH 值检测的残留酸事件。IPG 还采用一个加速计来检测直立和仰卧状态，使得刺激算法可以根据患者的姿势，针对平卧和夜间回流而被定制。

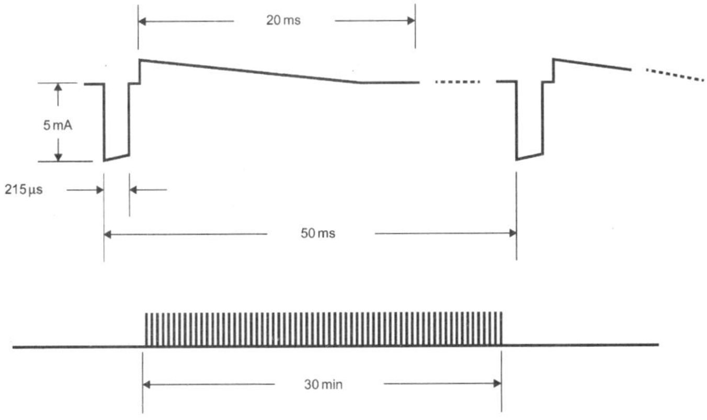

图 12.5　施加的刺激脉冲模式（版权© EndoStim。经许可转载）

第13章　迷走神经阻断疗法

13.1　简介

迷走神经，也称为第十脑神经，起源于脑干的延髓区域。它包括一对同时包含感觉神经纤维和运动神经纤维的神经，与众多生物功能如呼吸、消化、代谢和心率相关的内部器官相连。在消化的情况中，已证明迷走神经在胃肠活动如胃酸和消化酶的分泌中扮演着重要的角色。迷走神经还传送与饥饿感和饱胀感相关的神经信息，以及控制对于消化来说必不可少的能量代谢。继而如果与饥饿感相关的感觉机制可以被压制，那么这可以理论上降低消耗食物的欲望，可能对治疗肥胖症有所帮助。因此，通过使用电刺激阻断来自消化系统的感觉传入神经信号的神经传递，有可能会减少饥饿感，帮助治疗肥胖症。

13.2　EnteroMedics® VBLOC 迷走神经阻断疗法

迷走神经活动在患者的整个醒着的期间被通过使用 Maestro®系统递送的专有 VBLOC®疗法进行阻断，平均每天 12h。该疗法采用间歇式高频低能电脉冲，以阻断在胃与大脑之间的两个迷走神经躯干上往返行走的天然存在的感觉信号的传输，以抑制饥饿感，并促进饱腹感。迷走神经的电阻断还可以影响消化酶的释放，并且可以调节胃部肌肉的收缩，促进胃内物质的延迟排空，所有这些都可能降低对消耗食物的渴望，最终导致体重下降。

图 13.1 中示出了 Maestro®系统，它包含一个被称为神经调节器（Neuroregulator）的植入式设备、专有的引线和电极、一个移动充电器和一个发射线圈。该神经调节器被通过手术植入到身体一侧的肋骨下方皮下。两个电极通过腹腔镜放置在食管和胃之间交界处上方的两个迷走神经干上。移动充电器和发送线圈由病人每天外部穿戴较短时间，用于对植入的神经调节器中的电池进行充电。一个外部临床编程器（Clinician Programmer）被用于设置所需的治疗参数，并存储与系统性能相关的数据。

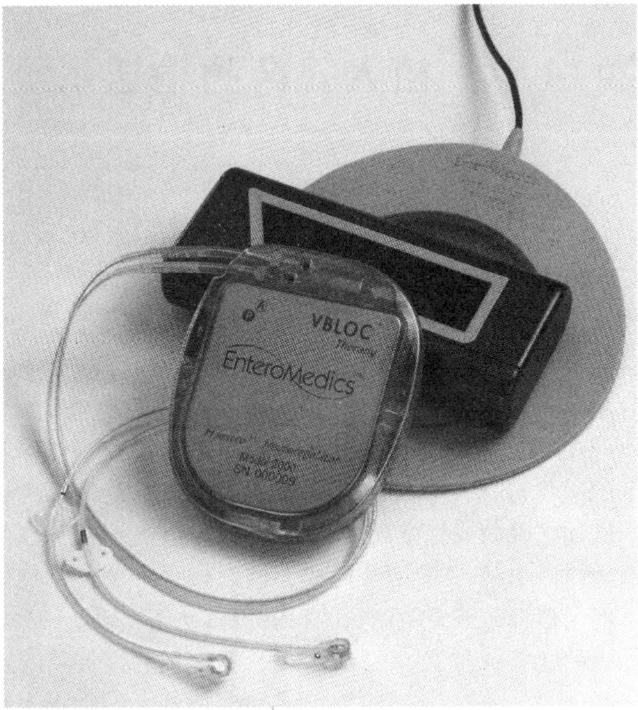

图 13.1　EnteroMedics Maestro®系统迷走神经阻断设备
（版权© EnteroMedics。经许可转载）

第 14 章　植入式药物输送系统

14.1　简介

植入式药物输送系统（DDS）被设计为存储并向血流或特定的组织部位递送少量、精确计量的治疗药物或药剂，随后取代缓解疼痛和治疗许多病症和疾病所需的日常药物的注射，例如骨质疏松症、心脏疾病、囊性纤维化、青光眼、年龄相关的黄斑变性（AMD）、糖尿病、顽固性癫痫和癌症。随着微米技术和纳米技术的出现，DDS 的组件可以在小尺度上被加工，允许小型化系统被本地植入到药物递送部位，例如在眼内或脊椎周围的鞘内空间。

植入式 DDS 基本上由一个微型泵组成，该泵包含一个存有气体或液体形式药物的池、一个促动器释放或泵机制、入口和出口阀门，以及一些情况下用于将药物导向目标位点的套管或导管。在 DDS 中，药物被利用被动的或主动的（响应的）微型泵进行释放。一个典型的被动促动器依赖于药物浸入过程，其中药物通过一个多孔膜或一个随着时间推移生物降解的膜缓慢释放。其他被动的方法包括组成药物池的小型密封药物井阵列，使得通过施加一个电刺激溶解单个密封会释放精确的药物剂量。在这两种情况中，释放的药物都是扩散到目标输送位置。

由于主动微型泵的范围较广，一些分类将微型泵划分为机械（往复式）和非机械（无移动部件）泵。不过，微型泵可以被划分为排量泵和动态泵[Krutzch和Cooper, 2001]。排量泵通过一个或多个移动界线在工作液上施加压力，动态泵不断地向工作液添加能量，使得直接提高其动量或压强[Laser和Santiago, 2004]。

基本上，主动微型泵对电刺激作出响应，导致一个电化学或机电响应，影响受控药物释放，可以在任何时间继续或停止。许多形式的微型泵被利用基于如电解、渗透、流体力学、电泳、压电、磁学、气动、水解和材料变形等过程的促动器设计出来并实现。

14.2　电磁微型泵

电磁微型泵包含一个流体室（池），该室的一端具有一个固定在柔性膜（如聚二甲基硅氧烷，PDMS）上的电磁线圈，入口和出口阀门被置于另一端。向电磁线圈施加电流，取决于电流的方向，导致磁铁按下或向上拉动膜，引起室内压强的变化，使得液体被吸入或泵出药池，并被导向药物释放孔出口，通常是通过单向阀（见图 14.1）。所需的药物剂量和递送速率受施加电流的大小和持续时间所控制。一个类似的方法是将铁磁片嵌入到膜内，使得施加磁场将引起膜发生位移[Khoo和Liu，2000]。

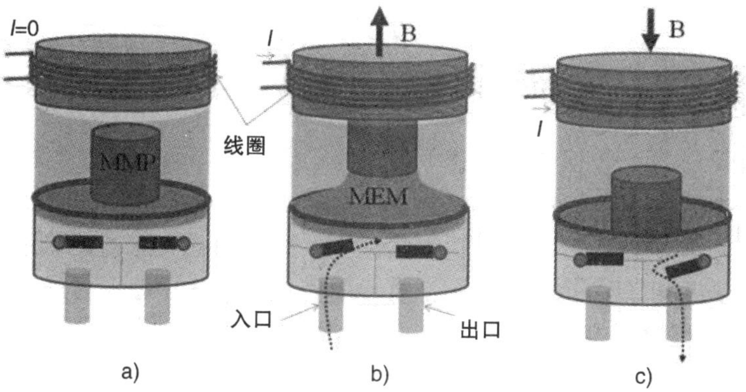

图 14.1　电磁微型泵的图解（MEM，膜；MMP，磁性移动部件；I，电流；B，磁场[Hamie等人，2013]。经许可转载）

a）关闭模式　b）抽吸模式　c）泵送模式

14.3　渗透微型泵

由一个半透膜分开的含有不同溶质浓度的两种溶液将跨越该膜建立渗透压，使得有水（溶剂）的净流从低浓度溶液向高浓度溶液流过该膜。当两溶液之间的压强差等于渗透压时达到平衡状态。

渗透微型泵的主要部件包括药物（溶质）、渗透剂、半透膜、溶剂（通常为水）和输送孔。渗透剂（也被称为 osmogens）被用于增加渗透压，与药物递送速率直接成正比。

根据药物、渗透剂和溶剂（通常是从周围水性身体组织液衍生来的水）的隔室分离，渗透微型泵可以被分为 3 类。在其最简单的形式中，渗透泵包括一个单隔室，其中药物被与溶剂分离，溶剂通过一个半透膜流入溶解药物（见图 14.2）。药物作为渗透剂，其溶解度决定了药物释放速率，只要药物溶液保持饱和，该速率将保持相对恒定。

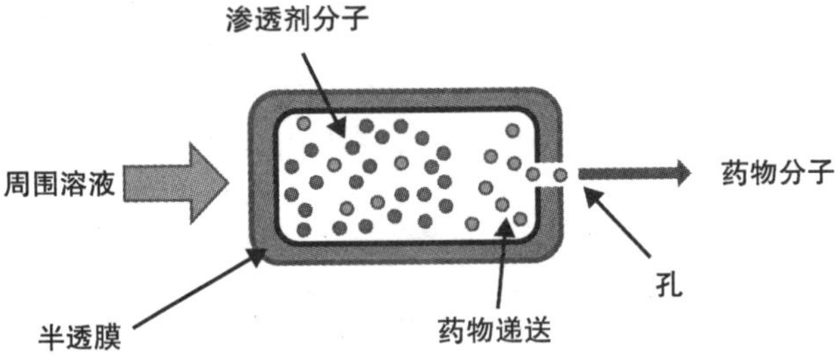

图 14.2 一隔室渗透微型泵

在两隔室渗透微型泵中，渗透剂被来自周围水性身体组织液的水溶解，产生渗透压。该微型泵包含两个隔室或池、一个药物池和一个渗透剂池，两者由一个可移动的障碍或分隔分开。当渗透剂溶解时，饱和渗透剂产生的压强推动障碍，将药物溶液向微型泵的孔推动。一个替代的实施方案是渗透剂池具有一个柔性膜壁，可以在承压时扩大或膨胀，从而向药物溶液施加压力，使其流过微型泵的孔（见图 14.3）。

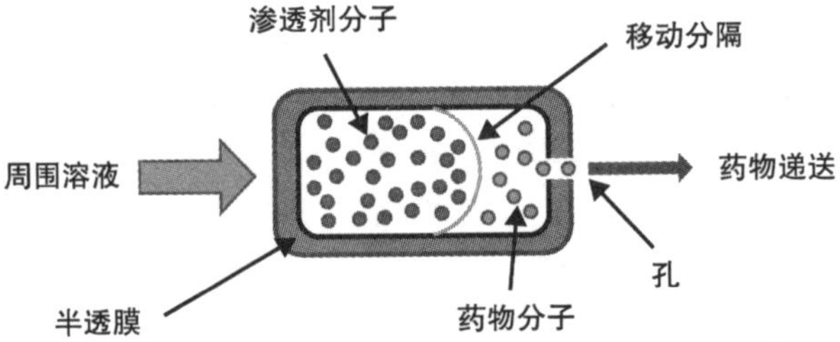

图 14.3 两隔室渗透微型泵

微型泵也可以具有 3 个或更多的隔室。三隔室微型泵是两隔室泵的延伸，其中额外的隔室容纳溶剂，而不是依靠水性身体组织液作为溶剂。

对于所有渗透驱动的泵的基本方程[Simon等人,2012]由下式给出：

$$\frac{\mathrm{d}m}{\mathrm{d}t} = KA\pi C \tag{14.1}$$

式中 $\frac{\mathrm{d}m}{\mathrm{d}t}$——药物分子的质量随时间通过渗透泵的出口孔释放药物的释放速率；

K——半透膜的渗透率；

A——半透膜的表面积；

C——配送溶液的药物浓度。

14.4　电渗透微型泵

当液体与固体材料的表面接触时，液体中的离子与固体的表面发生相互作用，形成一个单层带电层。然后液体中带相反电荷的离子被吸引到第一层上，中和所得的电荷，并随后形成一个电荷的第二层或双电层（EDL）。因为第二层中的离子松散地结合到第一层上，施加电场可能导致这些松散的离子发生迁移，通过黏滞力的相互作用有效地拖动液体。

使用直流电（DC）产生的电场可以导致一个线性流动响应，其中所得的液体速度与 EDL 中的电荷密度以及施加电场的强度成正比。然而，因为场电极与液体接触，在电极上存在电解的风险，尤其是与水之间，这将产生氧气和氢气的气泡，阻碍液体的流动。

使用交流电（AC）产生的电场能够将电解的风险最小化，但净液体流将是零。向沿着微型泵的固体壁放置的非对称电极对施加相同的场电流导致流体从较小的电极向较大的电极的一个净流。液体流取决于许多因素，例如所施加的电场、电极的几何形状和电极的数目。因为流体流可以被控制，电渗透泵不使用阀门。

14.5　电解微型泵

电解微型泵涉及将电解质电解成为气体，最终提供微型泵将药物泵出药物池进入一个用于递送到用药部位的插管中的气压。通常使用的电解质是水，它在与药物池分离的腔室中分解成氧气和氢气。不过，含水形式的药物可以作为水分解的电解质。

电解泵使用置于水溶液中的贵金属电极，如铂，使得在水中通过电流导致水分解成氧气和氢气。在阴极：

$$2H_2O \leftrightarrow 4H^+ + 4e^- + O_2 \tag{14.2}$$

在阳极：

$$4H^+ + 4e^- \leftrightarrow 2H_2 \tag{14.3}$$

导致

$$2H_2O \leftrightarrow 2H_2 + O_2 \tag{14.4}$$

这是一个可逆的反应，去除所施加的电流将导致氧气和氢气向水的逐步重组。

气体产生的速率如下：

$$\frac{\Delta V}{\Delta t} = \frac{3}{4}\frac{i}{F}Vm \tag{14.5}$$

式中 ΔV——产生的气体的总量（m^3）；

Δt——施加电流的时间长度（s）；

i——施加的电流（A）；

F——法拉第常数（96.49×10^{-3}℃/mol）；

Vm——25℃和 $24.7\times10^{-3}m^3$/mol 大气压时的摩尔气体常数。

既而，所需的药物剂量和递送速率可以通过施加电流的幅度和持续时间进行控制。使用叉指电极阵列有助于减少通过溶液的电流路径（否则将导致溶液的加热），并提高微型泵的效率。

14.6 MicroCHIPS Inc. 的无线微芯片药物输送系统

MicroCHIPS 正在开发若干药物输送系统（DDS），用于治疗骨质疏松症、糖尿病和多发性硬化症以及一个遥控避孕植入物[Farra等人，2012]。避孕植入物通常是被动的，因为它们缓慢释放孕激素如依托孕烯和左炔诺孕酮，以阻止卵子从卵巢中被释放。MicroCHIPS DDS 避孕植入物是一种主动系统，它含有一个储有激素左炔诺孕酮的微储层，每天释放 30μg 药物长达 16 年，并且该过程可以通过一个短程无线遥控单元随时被停止并再激活，以减少来自外部源的偶然干扰。

MicroCHIPS 植入物也被用于治疗骨质疏松症，这是一种影响骨骼密度的渐进的疾病，导致骨骼变得脆弱易碎。如果不予以治疗，骨质疏松症最终导致骨折。一种提高骨骼密度的治疗骨质疏松症的方法包括每天向人体组织注入人类甲状旁腺激素（PTH）特立帕肽 PTH（1－34）。该激素被用于刺激体内新骨的成骨细胞产生，增加骨重。继而，用于治疗骨质疏松症的 MicroCHIPS DDS 包括每天释放 PTH（1－34）的储层。

图 14.4a 中示出的 MicroCHIPS DDS 基于微芯片中多孔或储层的微加工（见图 14.4b），该芯片形成植入设备的一部分，允许在同一芯片内存在多种药物，以及以任意顺序释放药物剂量。该 DDS 还采用了实时时钟和无线遥控电路，用于从一个与植入部位上方皮肤接触的外部遥控单元主动控制药物剂量调度。双向通信链路还提供关于剂量配送确认和植入物状态如电池电压的信息。

图 14.5 示出了 MicroCHIPS 的结构，它包括一个硅基底，其中刻蚀了金字塔微储层，填充有配药剂量，然后通过一个超薄金膜气封，该金膜同时还作为阳极电极。施加几秒参照阴极的 1.04V 的阳极 DC 电压导致金膜有效地溶解（见图 14.6），使得储层中的药物能够扩散到周围组织，并随后进入血液。另一种实现方法是使用在预定电流通过薄膜时，当被加热到故障点（熔断）时能有效地充当电熔丝的薄的金属膜。

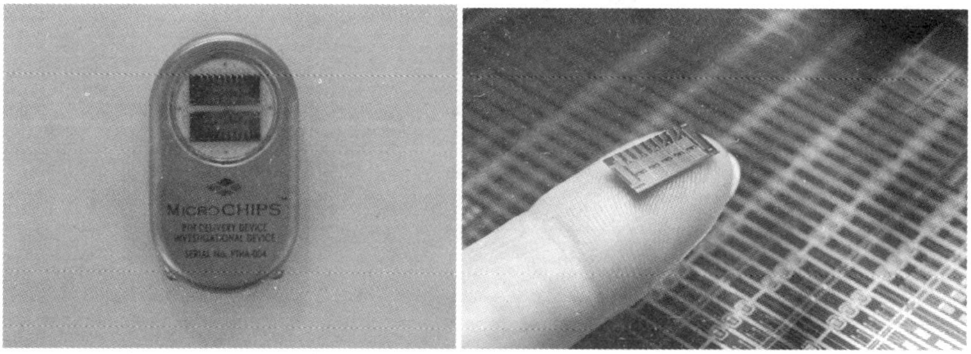

a)　　b)

图 14.4　a）MicroCHIPS 植入式药物输送系统；b）MicroCHIPS 储层阵列
（版权© MicroCHIPS，Inc。经许可转载）

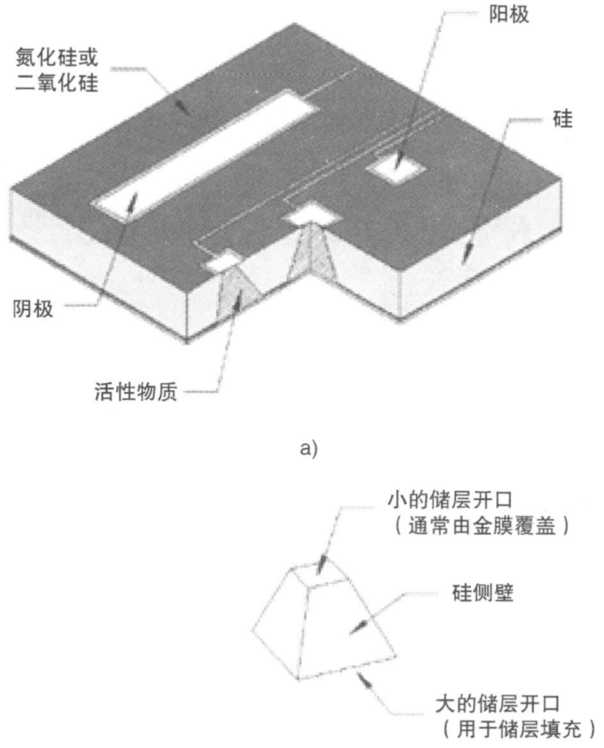

b)

图 14.5　MicroCHIPS 结构示出 a）金字塔井和 b）电极接触
（版权© MicroCHIPS[Santini Jr，等人，1999]。经许可转载）

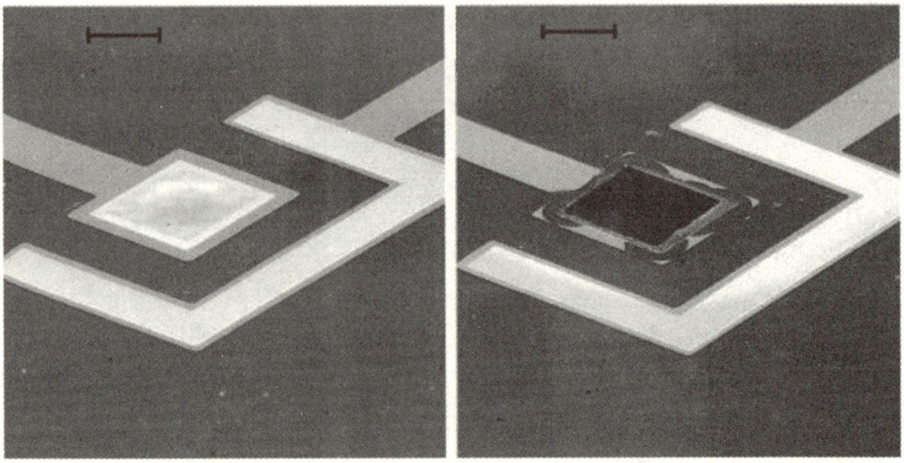

图 14.6 施加阳极电压 a）前和 b）后的阳极金膜覆盖层的扫描电子显微照片
（版权© MicroCHIPS[Santini Jr，等人，1999]）

MicroCHIPS 尺寸为 20mm × 20mm × 7mm，设计为局部麻醉下皮下植入到臀部、上臂或腹部。

14.7 Codman & Shurtleff Inc. 的 CODMAN® 3000 恒定流量输液系统植入泵

图 14.7 中示出的 CODMAN® 3000 植入输液药物泵是被动 DDS 的一个例子，被用于以恒定的速率输送药物治疗慢性疼痛、严重痉挛和肝癌。CODMAN® 3000 不需要电池，并且有 3 种尺寸（16mL、30mL 和 50mL），以延长再填充之间的输送时间。在治疗慢性疼痛和严重痉挛时，当药物需要向椎管内空间输送时，将使用 FLEXTIP Plus SureStream 椎管内导管。通过一个自密封硅氧烷膜经皮插入针头到中央隔膜，储药池被再填充。

图 14.8 示出的 CODMAN® 3000 泵包含两个腔室，即内部药物池和永久密封的包含可压缩的碳氟化合物气体的外部推进剂波纹管室。当储药池为空的情况下，波纹管在推进剂室内气体的压强下收缩，该压强依赖于体温。填充或再填充储药池腔室导致波纹管扩张，这迫使药物经过一个过滤器和一个毛细管限流器流出储药池，该限流器将药物通过导管流入药物输送部位的流速保持在最佳水平。CODMAN® 3000 泵以 0.5 ~ 2mL/天的典型流速输送需要的药物。当需要直接向体内注入或导管需要用生理盐水冲洗时，CODMAN® 3000 Bolus 针被使用，它与导管的尖端直接连接。CODMAN® 3000 泵被容纳在一个钛壳内，并被皮下植入在下腹部。

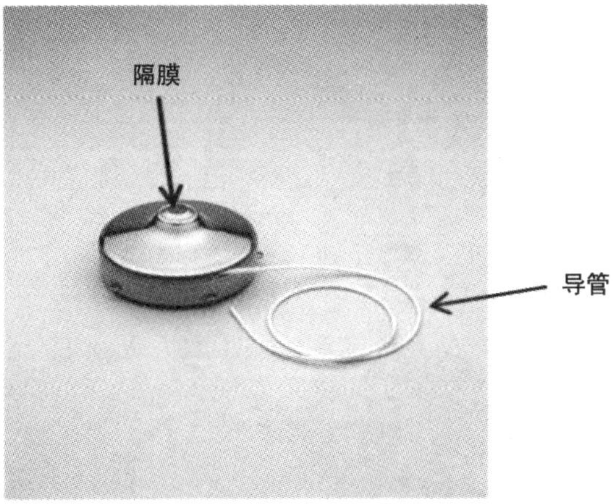

图 14.7　CODMAN® 3000 恒定流量输液系统植入泵
（版权© Codman & Shurtleff，Inc。经许可转载）

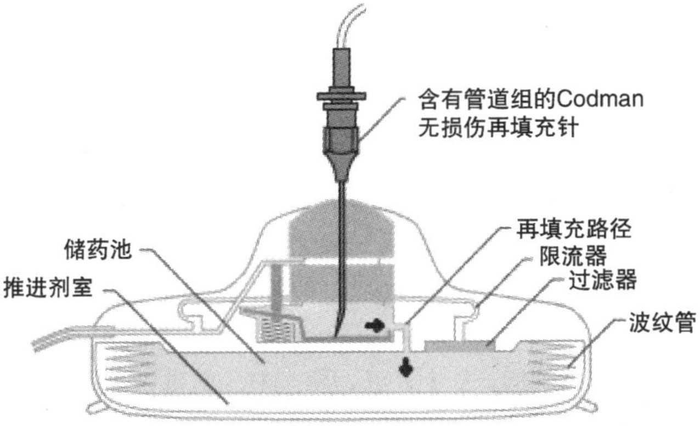

图 14.8　CODMAN® 3000 泵的截面图
（版权© Codman & Shurtleff，Inc。经许可转载）

14.8　Medtronic 的 SynchroMeds® Ⅱ 输液系统

SynchroMeds® Ⅱ 输液系统直接向脊髓周围的鞘内空间输送止痛药。该治疗方法包括严重的慢性非恶性疼痛（CNMP）的病痛管理、脊髓或脑来源的严重痉挛以及原发性和转移性癌症的治疗。图 14.9 示出了 SynchroMeds® Ⅱ 输液系统，它包括 myPTM（Personal Therapy Manager，个人疗法管理器）、N’ Vision Clinician 编程器和 SynchroMeds® Ⅱ 可编程输液泵。

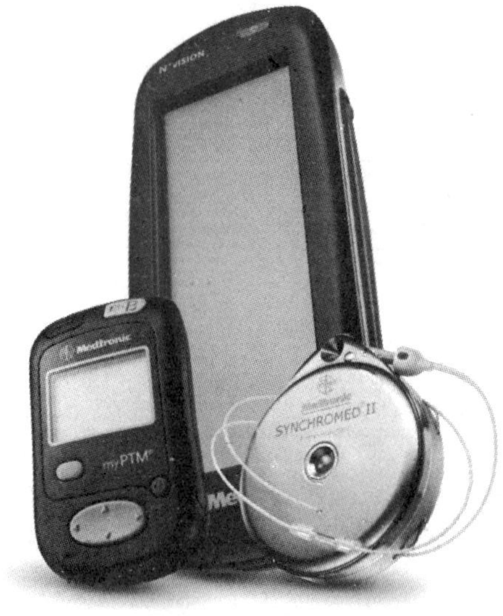

图 14.9 包含 myPTM、N' Vision Clinician 编程器和 SynchroMed® Ⅱ可编程输液泵的 SynchroMed® Ⅱ输液系统（版权© Medtronic。经许可转载）

myPTM 是一个手持式个人疗法管理器，当需求提升时，让患者控制接收额外的推注计量的药物。N' Vision Clinician 编程器被用于创建和存储最多 50 个临床医生为患者的治疗管理而创建的程序，并用于存储重要的治疗和患者信息。

SynchroMeds® Ⅱ可编程输液泵被植入在腹部区域，与植入在鞘内空间的一个小的导管相连。有两个储药池尺寸可以选择：18mL 和 20mL。药物水平低于 2mL 时会激活警报。该泵可以被编程，以 0.002 ~ 1.0mL/h（0.048 ~ 24mL/天）的治疗速率输送药物。取决于使用情况，电池的寿命在 4 ~ 7 年。7 年后，该泵会自动关闭。

图 14.10 示出了 SynchroMeds® Ⅱ可编程泵的内部组件。药物被利用一个 22 号康宁针输送到储药池填充口，在那里它经过储药池的阀门，进入泵的储药池。微型泵包含密封气体，从人体的体温开始升温，对泵的储药池施加压力，迫使药物进入泵管，在那里电子受控电动机将所需剂量的药物经过导管出口推出，进入通往输注部位的导管。导管接入端口允许使用 24 号非损伤针直接访问导管尖端。这允许对输注部位的直接访问以及冲洗导管。

不透射线的识别系统被用于记录制造商和型号码，使用标准的 X 射线程序可见。

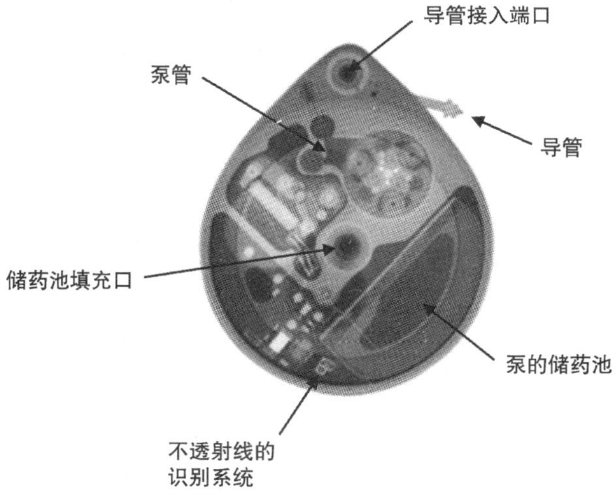

图 14.10　SynchroMed® Ⅱ可编程泵（版权© Medtronic。经许可转载）

14.9　来自 Debiotech™的 MIP 植入泵

来自 Debiotech 的 MIP 植入泵是一个利用 MEMS 技术制造的压电致动硅微型泵，是通过硅微加工膜的往复动作周期性地压缩流体腔，将药物经由一个单向定向阀门泵出的体积泵。图 14.11 示出了 MIP 微型泵的两个面。

图 14.11　MIP 植入微型泵的两个面（版权© DebioStar™。经许可转载）

硅层被微加工成圆形流体腔室和阀结构（见图 14.12），而玻璃层包含为流体设计的通孔。在堆结构的顶部是一个结合到顶部硅层上的压电陶瓷圆盘，它们共同充当微型泵的制动器（见图 14.13）。在堆结构的底部是两个密封接合在微型泵上的钛流体连接器。过滤器用于保护微型泵的敏感元件免受微粒和细菌的侵入。

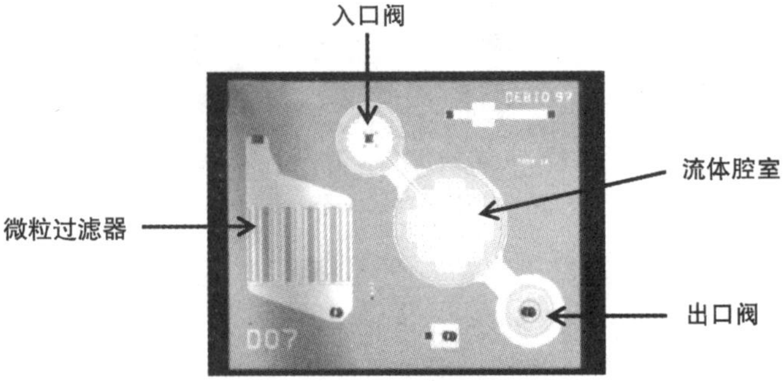

图 14.12　中间硅层示出微加工圆形流体腔室、入口阀和出口阀（版权© Debiotech™。经许可转载）

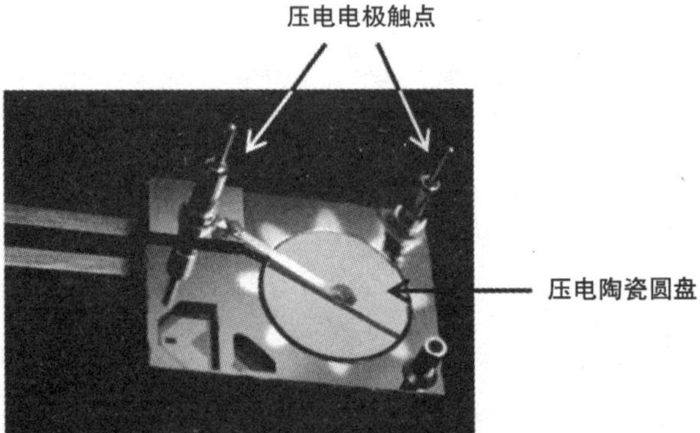

图 14.13　MIP 微型泵顶层示出压电陶瓷圆盘（版权© Debiotech™。经许可转载）

当横跨材料施加电压时，压电致动器发生振动，在硅膜上引起位移，从而产生往复泵的动作。该装置的结构是这样的，在压缩冲程中，膜压缩流体室，引导流体流过入口阀和出口阀。流速与高达 0.2Hz 的致动频率呈线性关系，在 150nL 的冲程容积下达到的典型流速为 0.1mL/h。整个芯片的尺寸为 16mm × 12mm × 1.86mm。

14.9.1 DebioStar™

DebioStar™是一种通过皮下、腹膜或肌注进行局部或持续药物输送的植入型 DDS，可用于单次或再充装使用。图 14.14 示出的 DebioStar™包含一个可再填充的储药池和一个受控的硅纳米多孔膜，其中孔径和膜厚度可以被控制，以改变药物递送速率，使得药物可以被递送长达数周或数月。孔径可以在 1 ~ 250nm 改变，总膜厚度范围在 50nm ~ 几百微米。可能达到十亿孔/cm^2的孔密度。另外，通过化学修改膜的表面性质，药物递送可以在更长时间上被延迟。

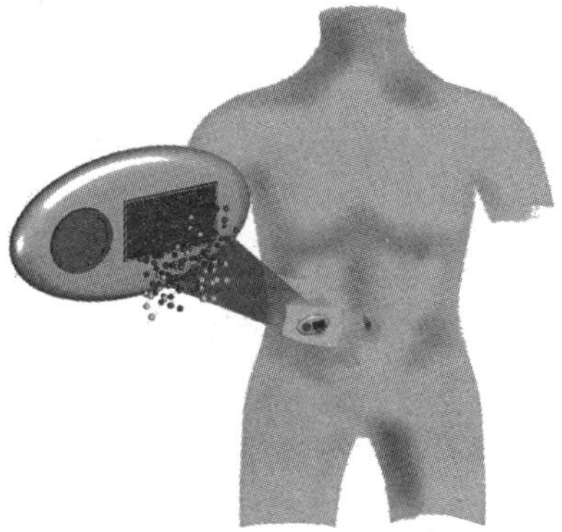

图 14.14　包含可再充装储药池和受控纳米多孔膜的 DebioStar™系统（版权© DebioStar™。经许可转载）

14.10 Ophthalmic MicroPump™，Replenish Inc.

Ophthalmic MicroPump System™被开发出来为患有青光眼或视网膜病理的病人提供药物输送疗法，这些病人通常依赖于频繁用药疗法，如每月进行玻璃体内注射。MicroPump™系统（见图 14.15）可以根据病人的需求被编程，以提供个性化的治疗，包括每小时、每天或每月的微升剂量的药物输送。

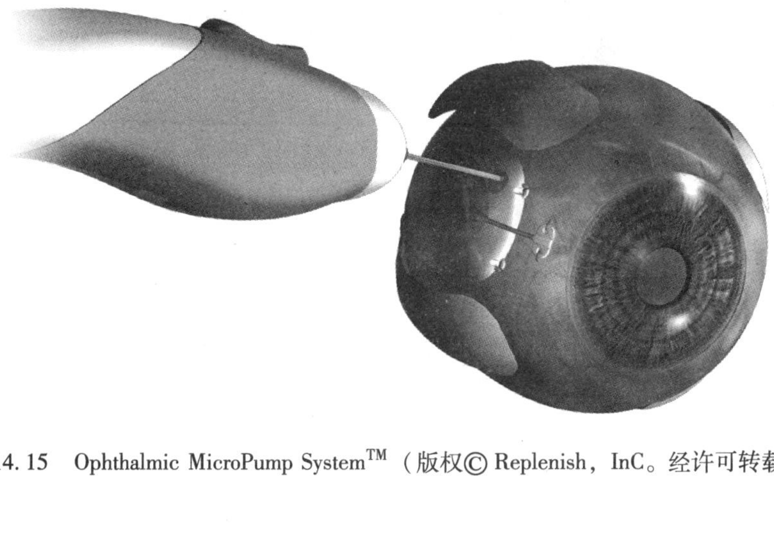

图 14.15　Ophthalmic MicroPump System™（版权© Replenish，InC。经许可转载）

Anterior MicroPump™针对青光眼患者设计，结合了一个插入到眼睛前部的套管系统。Posterior MicroPump™具有一个 Pars Clip™，允许药物被递送到患有视网膜疾病的病人的眼睛后部。这些微型泵的典型再填充间隔为几个月，可以使用一个连接到 Drug Refill System™上的 31 号针进行再填充。此外，一个以无线遥测为基础的系统被用于从设备向一个单独的 EyeLink™控制台传输数据，与微型泵通信并对其充电。

这些微型泵利用微机电系统（MEMS）技术被加工，利用电解机制操作，由嵌入式电池或感应耦合功率线圈供电（见图 14.16）。水被电离成氢气和氧气，使得气体产生足够的压强迫使药物经过一个止回阀进入眼睛。所需药物的剂量和递送速率由施加电流的大小和持续时间控制。

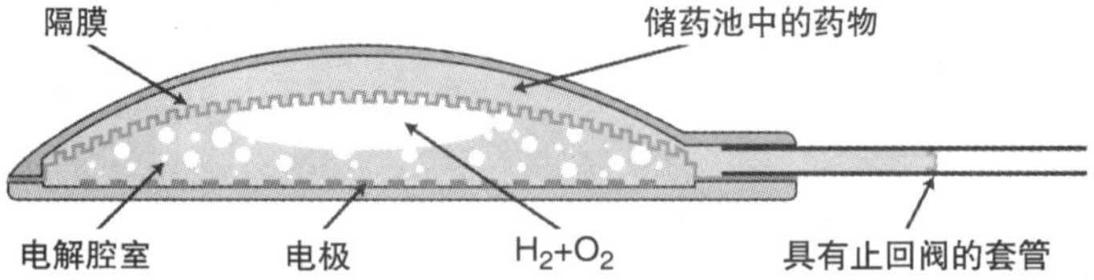

图 14.16 泵的图示。封装电控设备储药池中来自电解的气泡演化（版权© Replenish，InC。经许可转载）

图 14.17 中示出的 MicroPump™包含一个集成在电解泵上方的独立的储药池，并采用了一个自密封硅氧烷膜，以方便向储药池中注射药物。该电解泵通过 MEMS 技术利用聚对二甲苯制得，并采用了铂叉指电极和聚对二甲苯微通道套管。图 14.18 示出了目前正在开发中的 MicroPump™的艺术再现。

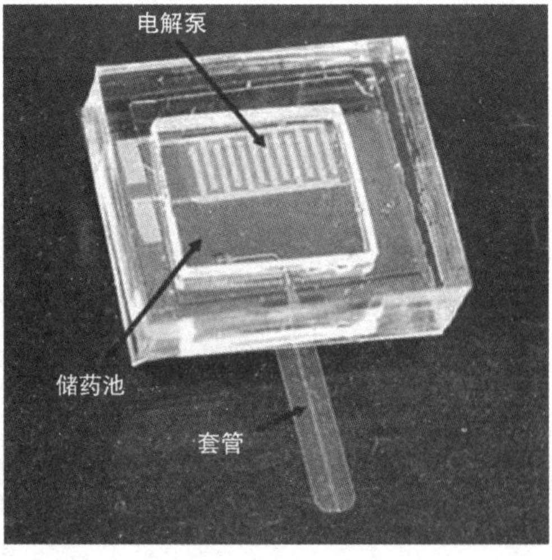

图 14.17 封装电控迷你药物泵（版权© Replenish，InC[Saati,等人,2009]）

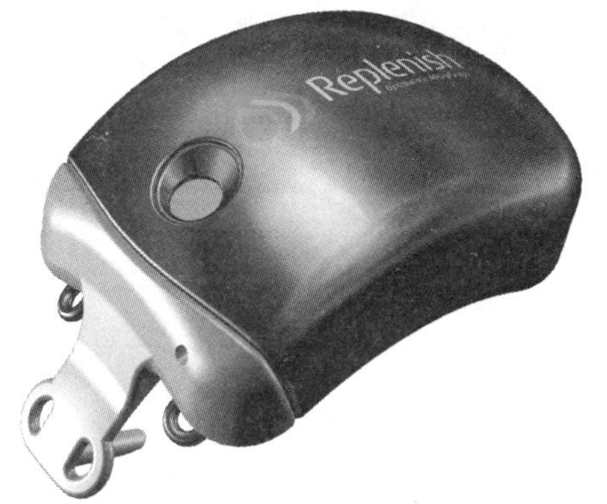

图 14.18　MicroPump™的艺术再现。目前正在开发中（版权© Replenish，InC。经许可转载）

14.11　来自 IntelliDrug 的 IntelliDrug™系统

IntelliDrug™植入物被设计用于口中，占据磨牙和脸颊之间的位置。从该位点，植入物可以通过脸颊的内衬（颊黏膜）以受控的方式直接向血液递送药物，该黏膜具有比皮肤更好的渗透性。图 14.17[⊖]中示出的 IntelliDrug™系统包括微型泵植入物和一个通信网络，结合了无线和 RFID 技术，允许通过一个远程医疗中心设置需要的剂量。也可以在口腔中放置的装置和一个体外通信装置之间放置一个透皮链接（见图 14.19）。

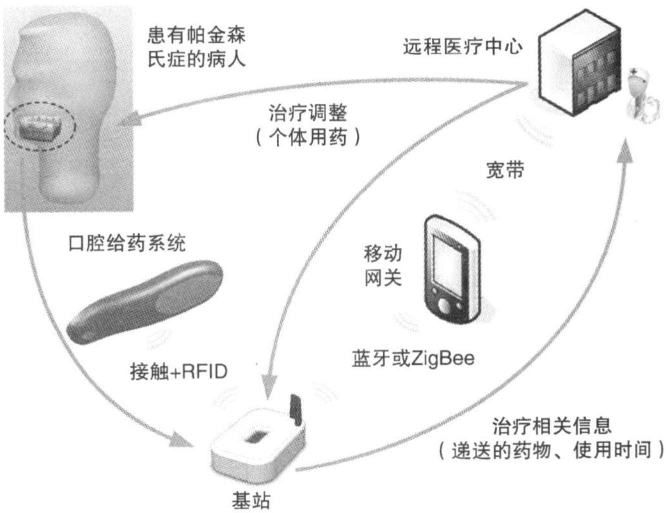

图 14.19　IntelliDrug™系统（版权© IntelliDrug™。经许可转载）

⊖　此处原书有误，应为图 14.19。——译者注

IntelliDrug™植入物基于一个渗透微型泵，该泵包括一个以药丸形式保留药物的储药池、一个可压缩的聚合物气球（流体容量）、一个电子控制的微型阀和一个流量传感器。图 14.20 示出了固定于下颌牙齿上的植入物，使得来自唾液的水通过半透膜（唾液入口）并溶解药物，创造一个迫使溶解的药物经过微型阀药物出口进行递送的静水压力。流量传感器使用阻抗测量技术来检测药物溶液的流速和浓度，在浓度水平降低到预定水平时提醒用户。

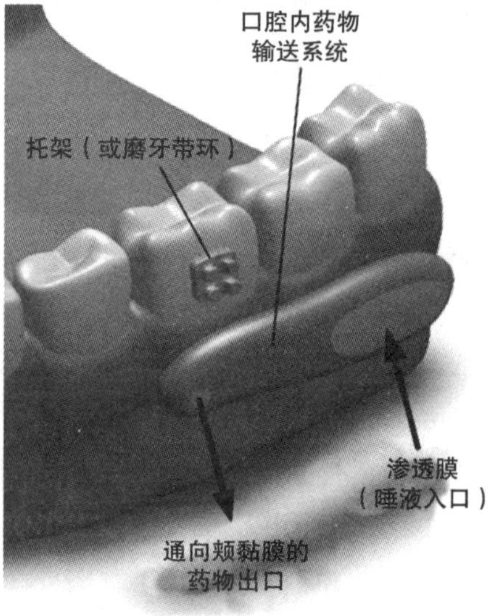

图 14.20 IntelliDrug 微型泵（版权© IntelliDrug。经许可转载）

参考文献

Farra, R., Sheppard, N.F., McCabe, L., Neer, R.M., Anderson, J.M., Santini, J.T., et al., 2012. First-in-Human testing of a wirelessly controlled drug delivery microchip. Sci. Transl. Med. 4 (122), 122ra21.

Hamie, A.H., Ghafar-Zhadeh, E., Sawan, M., 2013. An implantable micropump prototype for focal drug delivery. Proc. MEMEA 278–281.

Khoo, M., Liu, C., 2000. A novel micromachined magnetic membrane microfluid pump. 22nd Annual International Conference of the IEEE Engineering in Medicine and Biology Society, Vol. 3. pp. 2394–2397.

Krutzch, W.C., Cooper, P., 2001. Introduction: classification and selection of pumps. In: Karassik, I.J. , et al., (Eds.), Pump Handbook. McGraw-Hill, New York, NY.

Laser, D.J., Santiago, J.G., 2004. A review of micropumps. Micromech. Microeng. 14, R35–R64.

Saati, S., et al., 2009. Mini drug pump for opthalmic use. Trans. Am. Opthalmol. Soc. 107 (December), 60–70.

Santini Jr, J.T., Cima, M.J., Langer, R., 1999. A controlled-release microchip. Nature 397, 335–338.

Simon, H., Sven, S., Stephan, M., Roland, Z., 2012. Osmotic micropumps for drug delivery. Adv. Drug Deliv. Rev. 64, 1617–1627.

第 15 章　无线内窥镜胶囊

15.1　简介

消化系统将食物分解成体内细胞维持生命所需的能量。消化系统开始于口，在那里食物在被吞咽前被咀嚼并与唾液中的酶混合。食物随后通过食管进入胃，在胃里酸和酶将其分解成液体或糊状。该食物随后进入肠道较低区域或小肠，也被称为 small bowel，包括十二指肠、空肠和回肠，那里包含胰腺分泌的酶和胆囊分泌的胆汁，进一步分解食物中的脂肪、蛋白质和碳水化合物，这些物质随后通过小肠壁被吸收进入血液。肌肉蠕动收缩随后将消化过程中未被消化的食物和废物推送至大肠，也被称为结肠，在那里任何残留的营养物和水被吸收，留下固体废物被推到直肠，在那里它自然地经肛门离开身体（见图 15.1）。

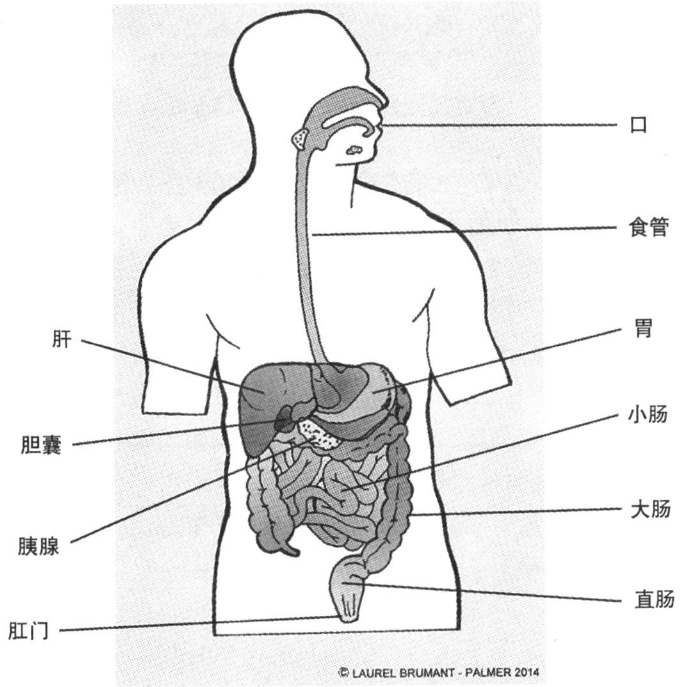

图 15.1　组成消化道的不同部分（版权© Laurel Brumant – Palmer 2014）

图 15.2 示出了盲肠处小肠末端结肠的起点，包括在腹部右侧上升的升结肠、横跨腹部的横结肠、在腹部左侧下降的降结肠和与直肠相连的弯曲的乙状结肠。结肠和直肠也统称为大肠。

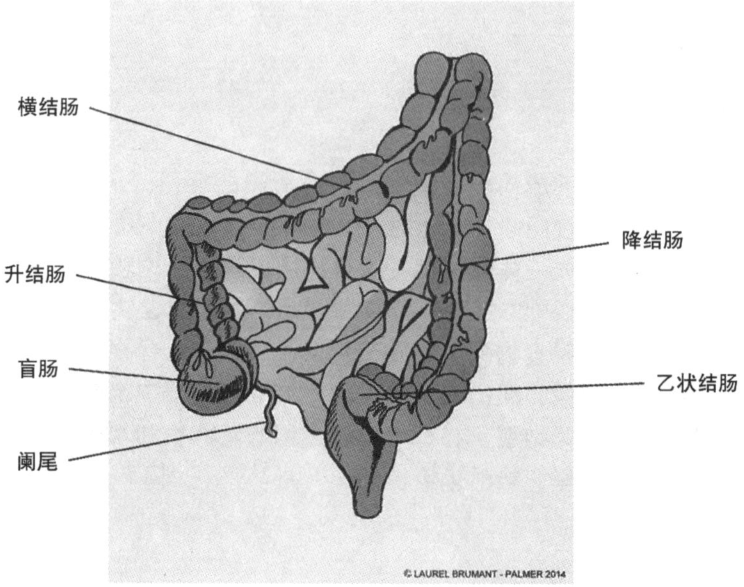

图 15.2　大肠和结肠的不同部分

存在很多与消化道（GI）相关的消化症状和病症，例如不明原因消化道出血（OGIB）、克罗恩病、乳糜泻病、小肠癌和结肠直肠癌。如果及早发现，这些疾病中的很多是可以治愈的。一个这样的检测技术是可屈性乙状结肠镜检查，其中一个连接到光纤光源和摄像头上的细管被插入到直肠和结肠。管的灵活性允许摄像头进入乙状结肠和降结肠，以检查内壁是否存在随后可以被进行活检或移除的溃疡或息肉生长。然而，摄像头不能进一步用来检查横结肠和升结肠。而且为了获得消化道内更好的可见度，必须泵入空气以扩张结肠。通常会对患者给药以缓解任何不适。

其他检查技术包括磁共振成像（MRI）和计算机断层扫描（CT）结肠镜检查，也称为虚拟结肠镜检查。CT 结肠镜检查利用 CT 技术，其中 X 光被用于构建大肠的三维图像。另一种无创替代技术胶囊内窥镜也可以用于对消化道进行可视化。该过程中患者吞咽一个大小和形状与维生素片相似的无线内窥镜胶囊，该胶囊包含一个迷你摄像头，胶囊在从消化道向直肠自然移动时捕捉消化道的图像，在直肠处自然地从肛门排出体外。

无线内窥镜胶囊通常包含排列在一个中心镜头和一个观察窗口周围的白光

LED，使得 LED 发出的光能够照亮消化道的内壁部分。从消化道壁反射回来的光被引导通过一个光学透镜，将图像聚焦到半导体摄像头，该摄像头是一个电耦合器件（CCD）或互补金属氧化物半导体（CMOS）图像传感器，将接收到的光进行处理，并产生视频数据，传输至外部接收器或存储于胶囊板载存储器中。

15.2　Covidien GI Solutions 的 PillCams®胶囊内窥镜

Covidien GI Solutions 生产 4 种类型的无线胶囊内窥镜系统：PillCams® SB 用于可视化小肠，PillCams® COLON 用于可视化结肠，PillCams® ESO 用于可视化食管。这些胶囊主动记录来自消化道的图像，并向患者穿戴的外部记录器无线传输该数据。PillCams® patency 胶囊是一个被动器件，用于执行消化道的畅通试验。

该过程开始时患者摄入一枚内窥镜胶囊。随着胶囊穿过消化道，LED 光源闪烁，消化道的图像被利用机载摄像头捕获。整个过程中胶囊捕获的数据被传送到患者穿戴的外部记录器上。随后，来自记录器的数据被下载用于诊断审查。

这 3 种主动无线内窥镜胶囊在以下方面是相似的，它们都采用在一个中央透镜和观察窗周围围绕 4 个白光 LED，使得 LED 发出的光照亮消化道壁。从消化道壁反射回来的光被引导通过一个光学透镜，将图像聚焦到一个处理接收的光并产生视频数据的 CMOS 图像传感器上。射频（RF）电路和一个 RF 天线将数据以 434.1MHz 的频率无线传输到外部数据记录器。PillCam®胶囊由包装在丸状结构内的氧化银电池供电。

捕获的图像可以使用专用的 RAPID®软件或手持式 RAPID®实时浏览器以连续的视频流形式观看，这使得胶囊经过消化道时实时的连续视频成为可能。最佳照明被自动控制，以提供 30mm 的照明场深度。

15.2.1　PillCam® SB 3

图 15.3 示出的 PillCam® SB 3 被用于可视化小肠，以检测和监测病变、出血、克罗恩氏病，甚至是小肠内的缺铁性贫血。PillCam® SB 3 结合一个视频摄像头，以最少 2 张/s 彩色图像的速度无线传输数据，其结果是单程通过消化道会产生超过 50000 张的图像。使用自适应帧技术，当胶囊在消化道中被感测到运动更快时，拍摄帧速率自动从 2 帧/s

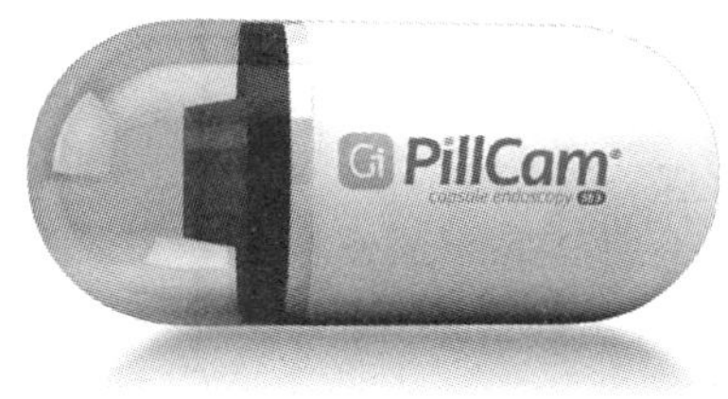

图 15.3　PillCam® SB 3
（版权© Covidien GI Solutions。经许可转载）

提高到6帧/s。可视角度为156°，覆盖1100mm²的区域。PillCam® SB 3的尺寸为26.2mm×11.4mm，重3g。

15.2.2 PillCam® COLON 2

图15.4中示出的PillCam® COLON 2提供对整个结肠的直接视野，可以非侵入性地为经历了不完整结肠镜检查的患者完成结肠检查。PillCam® COLON 2具有两个视频摄像头，每端各有一个，并采用了双向无线通信，使图像可以在4帧/s或35帧/s下被捕获，导致大约50000～100000张图像。PillCam® COLON 2的视场为172°，尺寸为31.5mm×11.6mm，重2.9g，可以操作大约10h。

图15.4 PillCam® COLON 2
（版权© Covidien GI Solutions。经许可转载）

15.2.3 PillCam® ESO 2

图15.5中示出的PillCam® ESO 2被用于检查食管，并使医生能够监控和检测异常，包括食管静脉曲张。PillCam® ESO 2集成了两个彩色视频摄像头，每端各有一个，以18张/s彩色图像的速度传输数据。PillCam® ESO 2的视场为169°，尺寸为26.4mm × 11.4mm，重2.9g。完整的检查时间不超过30min。其下一代PillCam® ESO 3也具有两个视频摄像头，但可以传输35张/s彩色图像，视场为172°。PillCam® ESO 3比ESO 2胶囊稍长，尺寸为31.5mm×11.6mm，重2.9g。ESO 3已经被开发，但还没有在市面上销售。

图15.5 PillCam® ESO 2
（版权© Covidien GI Solutions。经许可转载）

15.2.4 PillCam® patency

当存在已知或可疑的障碍物或胃肠道狭窄时，图15.6中示出的PillCam® patency胶囊可以被用于为患者确认胶囊内镜的足够畅通。PillCam® patency胶囊和其他内窥镜胶囊大小相同，包含一个乳糖酸钡混合物和一个微型RFID标签，使得其通过消化道的进程可以被X光或专用的Patency胶囊无线电扫描仪检测到。该胶囊在摄入30h后开始溶解，如果未被检测到，则认为胶囊已经穿过消化道，并已被作为废物排出。对RFID标签的检测也可以在大便中进行，以确认该胶囊已经不存在于消化道中。

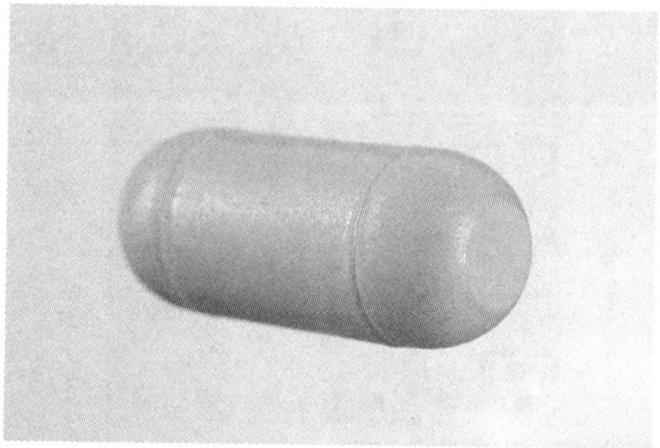

图 15.6 PillCam® patency 胶囊（版权© Covidien GI Solutions。经许可转载）

15.2.5 PillCam®传感器腰带和记录器

PillCam®传感器腰带（见图 15.7）被佩戴在腰上，包含接收来自内窥镜胶囊的视频数据信号的传感器，该信号随后由 DataRecorder 3 处理，该记录器连接到传感器带上，在其彩色 LED 显示屏上显示消化道的实时图像。如果胶囊通过消化道时移动太快，DataRecorder 3 能够向胶囊发送控制信号，自适应地将帧速率从 2 帧/s 提高至 6 帧/s。遵循程序，利用专用的 RAPID®软件，数据被从数据记录器下载到个人计算机用于诊断审查。图 15.8 示出了来自 PillCam® SB 3 程序的消化道内绒毛的静止图像。

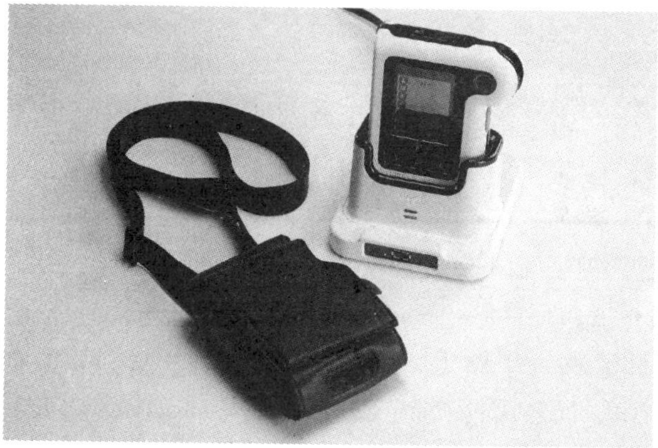

图 15.7 PillCam®传感器腰带和 Data Recorder 3
（版权© Covidien GI Solutions。经许可转载）

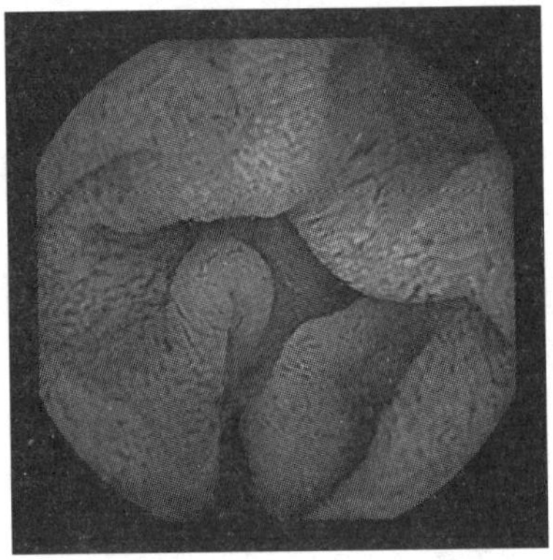

图 15.8 来自 PillCam® SB 3 程序的消化道内绒毛的静止图像
（版权© Covidien GI Solutions。经许可转载）

15.3 RF SYSTEM Lab 的 Sayaka 内窥镜胶囊

Sayaka 内窥镜胶囊（见图 15.9）包含白光 LED 和一个从胶囊的侧面露出的转动摄像头，使得它可以在穿过消化道时沿着胶囊捕获肠壁的 360°图像。该胶囊长度为 23mm，外径为 9mm。

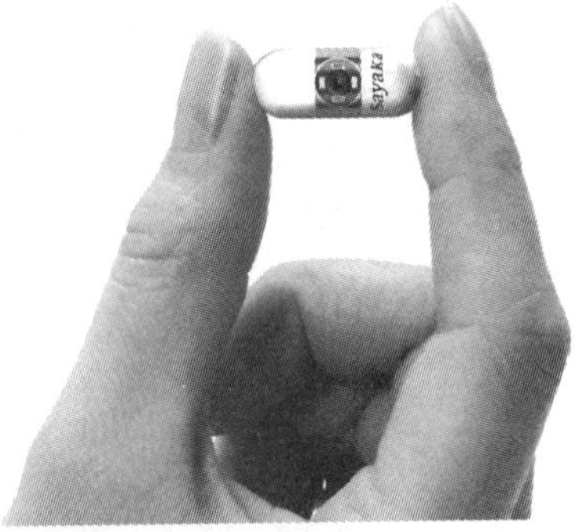

图 15.9 Sayaka 内窥镜胶囊（版权© Japanese RF System Lab。经许可转载）

Sayaka 内窥镜胶囊包含一个内胶囊，该内胶囊采用一个电磁铁和一个连接到一个同轴永久磁铁上的摄像头（见图 15.10）。将电流施加到该电磁铁的线圈上导致永久磁铁吸附到内胶囊和摄像头上，从而绕其轴旋转。该摄像头是一个 CCD 图像传感器，需要 12s 完成一次旋转，每秒覆盖消化道内壁的 30°。考虑到该胶囊在肠道内通常需要 2min 以推进 5cm，这个时间是足够用于获得重复的特写图像的。该 CCD 图像传感器具有 $2MB/mm^2$的分辨率，每秒可捕获 30 张 200 万像素的图像。其在通过消化道的 8h 内，可捕获高达 870000 个图像。该胶囊由患者穿戴的背心内的充电线圈通过电感耦合进行供电。随着胶囊通过消化道，捕获的图像数据被连续地无线传输到背心内的一个天线阵列。接收到的数据存储在一个标准的 SD 存储卡内，用于之后在 PC 平台上进行的检索和视频播放。

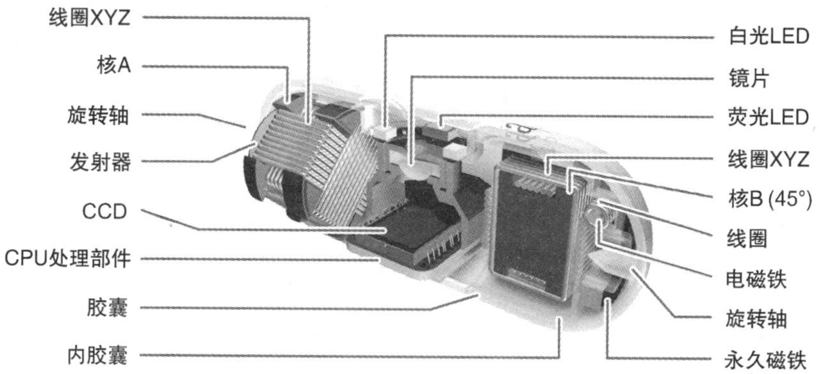

图 15.10　Sayaka 内窥镜胶囊的组成（版权© Japanese RF System Lab。经许可转载）

Sayaka 内窥镜胶囊目前仍处于开发阶段。

15.4　来自 IntroMedic Co. 的 MiroCam®胶囊内窥镜系统

图 15.11 中示出的 MiroCam®胶囊内窥镜系统通过摄入 MiroCam®内窥镜胶囊被用于调查小肠，该胶囊在缓慢通过小肠的过程中对消化道壁拍摄实时图像。被

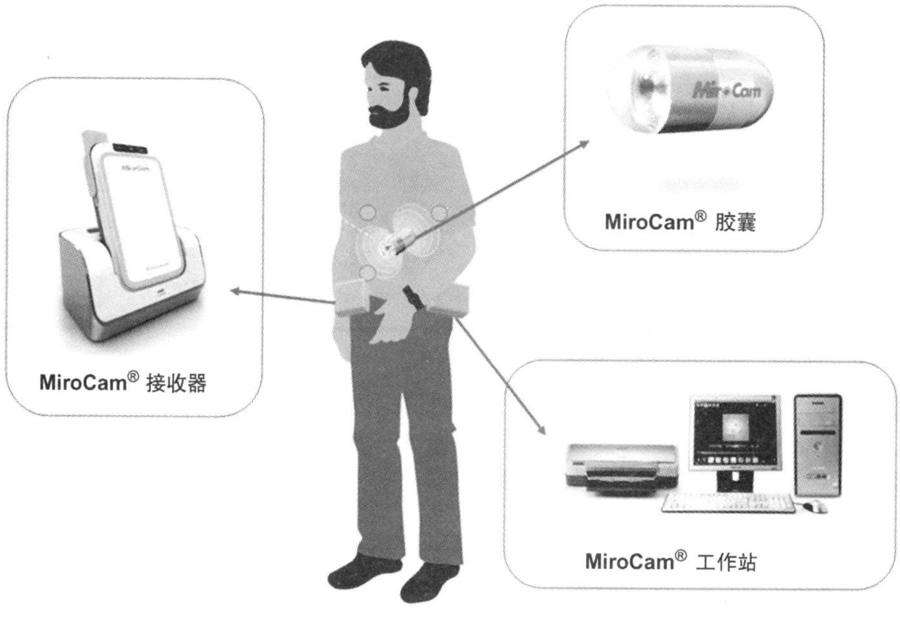

图 15.11　MiroCam®胶囊内窥镜系统（版权© IntroMedic Co。经许可转载）

捕获的图像被利用人体通信专利 E－场传播技术通过身体传输，其中内窥镜胶囊产生一个电信号，该信号被放置在患者身体上的若干标准 ECG 电极所检测。穿戴在腰部上的 MiroCam®接收器首先比较并选择出来自一对电极通道的质量最好的信号，该信号随后被利用 MicroView® RTV 专有软件平台进行处理，使得捕获的图像被实时观看。

有两种数据接收器：能够通过 USB 将实施图像数据传输到笔记本计算机或台式机的 MiroCam®接收器 MR1000 和能够通过 Wi－Fi 将实施图像数据传输到 iPad®和 iPhone®设备的 MiroCam®接收器 MR1100。MiroCam® MR1000 目前正在被 MR1100（见图 15.12）所取代，MR1100 具有更高的数据传输速率和更长的电池寿命。MicroView®网络系统也与医院数据网络整合，以允许对实时图像数据的远程访问。

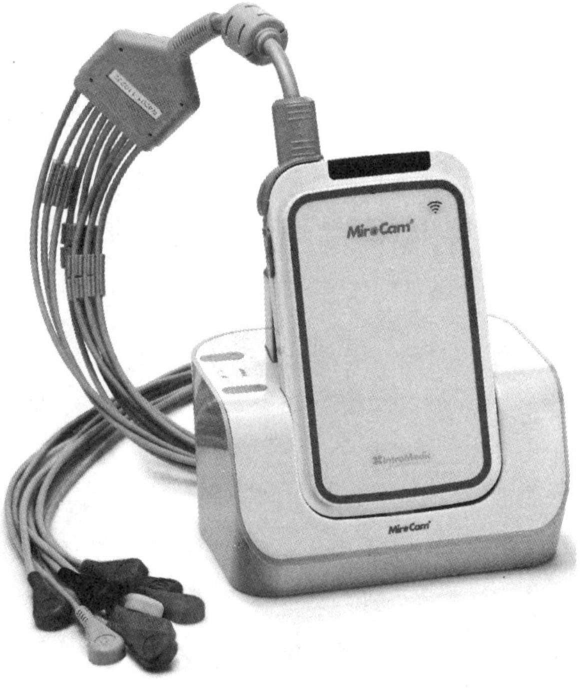

图 15.12　具有电极连接引线和充电基座的 MiroCam®无线数据接收器 MR1100
（版权© IntroMedic Co。经许可转载）

图 15.13 示出了 MiroCam® MC1000 胶囊的组成，它整合了 6 个白光 LED 用于照亮消化道壁。反射图像随后被通过一个光学圆顶聚焦到 CCD 图像传感器上，该传感器具有 320×320 像素的图像分辨率，每秒可捕获 3 张图像（帧），导致最少 118800 张图像被拍摄。其机身表面镀有金，以提升信号传输，该胶囊由两

个氧化银电池供电。

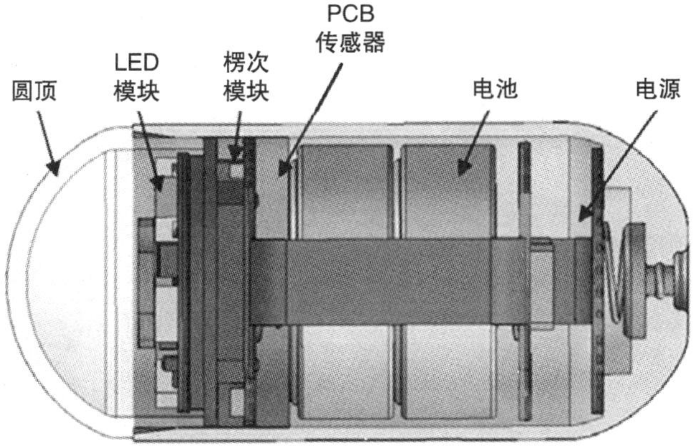

图 15.13　MiroCam®内窥镜胶囊的组成（版权© IntroMedic Co。经许可转载）

图 15.14 示出了 MiroCam®内窥镜胶囊的 3 种类型：MC1000 - W、MC1000 - WG 和 MC1000 - WM。MiroCam® MC1000 - W 胶囊（见图 15.14a）使用 6 个白光 LED，视场为 170°，视深度为 7 ~ 20mm。拍摄图像的传输速度为 3 帧/s，预期操作时间为 12h。该胶囊尺寸为 10.8mm × 24.5mm，重 3.5g。

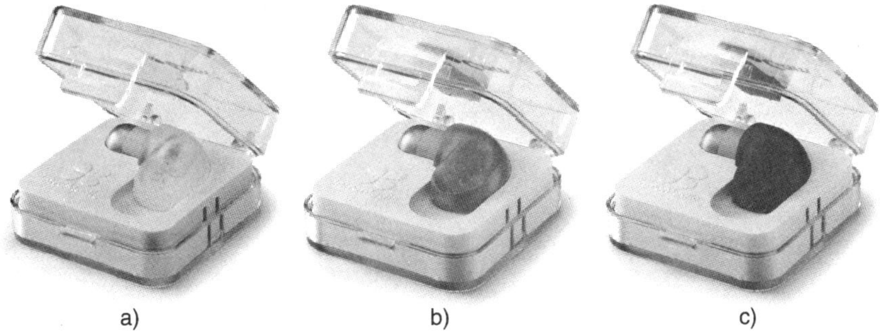

图 15.14　MiroCam®内窥镜胶囊（版权© IntroMedic Co。经许可转载）
a）MC1000 - W　b）MC1000 - WG　c）MC1000 - WM

MiroCam® MC1000 - WG 胶囊（见图 15.14b）与 MC1000 - W 相似，使用 6 个白光 LED，视场为 170°，视深度为 7 ~ 20mm。图像帧速率为 3 帧/s，预期操作时间为 12h。该胶囊尺寸也是 10.8mm × 24.5mm，重 3.5g。不过，MC1000 - WG 使用了无汞电池。

MiroCam® MC1000 - WM 胶囊（见图 15.14c）也使用 6 个白光 LED，视场为 170°，视深度为 7 ~ 20mm。图像帧速率为 3 帧/s，预期操作时间为 12h。然而该胶囊能够利用外部磁性 MiroCam®导航控制器（见图 15.15）被磁性地转向或导航，而不是依赖消化道的自身蠕动移动胶囊。

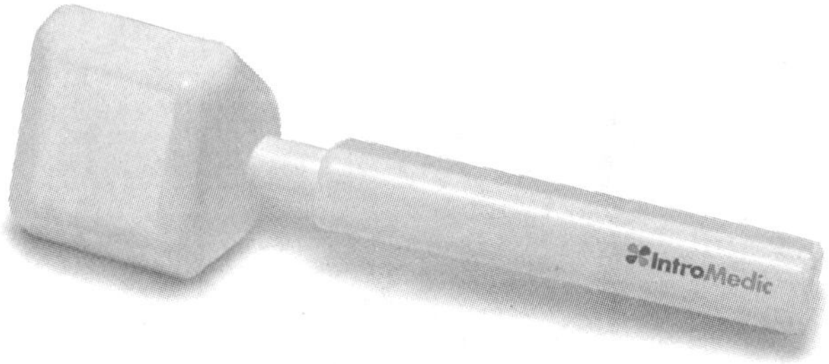

图 15.15 用于磁性转向 MiroCam® MC1000 - WM 内窥镜胶囊的 MiroCam®导航外部控制器（版权© IntroMedic Co。经许可转载）

在胶囊内，有两个圆柱形磁铁沿着其对称轴方向保持着恒定的磁场。当施加外部磁场时，对称轴调整自身与外部磁场垂直，为了磁性地引导胶囊，该外部磁场是不对称的。MiroCam® MC1000 - WM 胶囊的尺寸是 10.8mm × 25.5mm，重 4.7g。

图 15.16 示出了由 MiroCam®胶囊内窥镜系统捕获的图像，显示出消化道的组成部分以及消化系统紊乱和疾病。

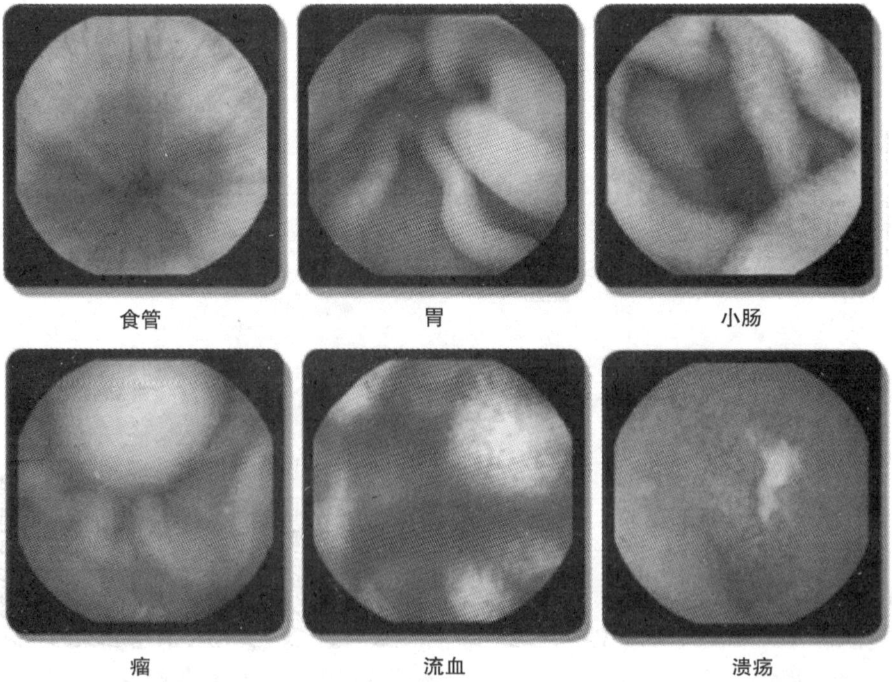

图 15.16 拍摄的胶囊内窥镜图像（版权© IntroMedic Co。经许可转载）

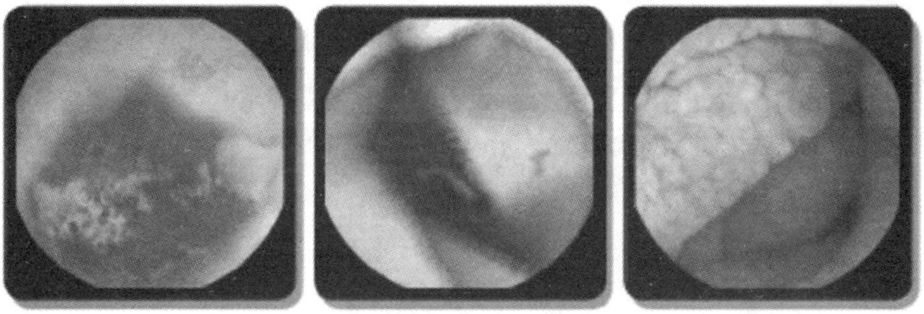

图 15.16 拍摄的胶囊内窥镜图像（版权© IntroMedic Co。经许可转载）（续）

15.5 来自 CapsoVision 的 CapsoCam®胶囊内窥镜 SV-2

图 15.17 示出的 CapsoCam® SV-2 胶囊内窥镜结合了 16 个照亮消化道壁的白光 LED 和 4 个视场为 90°的超小型 CMOS 图像传感器摄像头，这些摄像头从胶囊的一侧朝外，以得到消化道内壁的 360°全景视野。LED 的光强度是自动控制的，以提供最佳的 20mm 照明场深度。CapsoCam® SV-2 胶囊内窥镜长度为 31mm，直径为 11.3mm，重 4g。

图 15.17 CapsoCam® SV-2 胶囊内窥镜（版权© Capso Vision。经许可转载）

在摄入后的最初 2h 内，图像以 20 帧/s 的帧速率进行拍摄（每个摄像头为 5 帧/s），随后帧速率变为 12 帧/s（每个摄像头为 3 帧/s）。Smart Motion Sense Technology™确保只有在胶囊移动时摄像头才处于激活状态。先前和当前拍摄的图像之间的差异被进行监控，以减少冗余的重复图像，并将胶囊置于待机状态。当静止时，电池处于节能状态，使得电池可以操作至少 15h。

拍摄的图像数据被存储在板载的 EEPROM 闪存内，稍后被利用 CapsoAccess®胶囊数据访问系统（见图 15.18）进行检索和诊断分析。胶囊被置于 CapsoAccess®系统内，该系统使用一个双向光链路，通过 USB 接口将存储在板载胶囊存储器内的数据传送到 PC 上。所捕获的图像被使用诊断专用的 CapsoView®软件进行分析和审查。来自 4 个摄像头的图像可以在正常模式下或堆叠模式下观看。在正常模式下，4 个并发的摄像头图像被排成一行，给出 360°全景视野。在堆叠模式下，4 张摄像头图像被排成两行，在较小的高宽比下被查看。图像还可以以连续视频模式进行回放。图 15. 19 示出了利用 CapsoCam® SV－1 胶囊内窥镜拍摄的各种消化道疾病的全景视图。

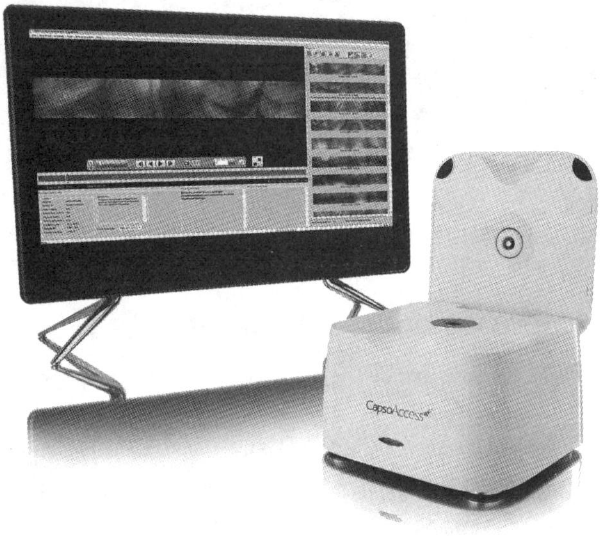

图 15. 18　CapsoAccess®胶囊数据访问系统和 CapsoView®诊断图像软件（版权© CapsoVision。经许可转载）

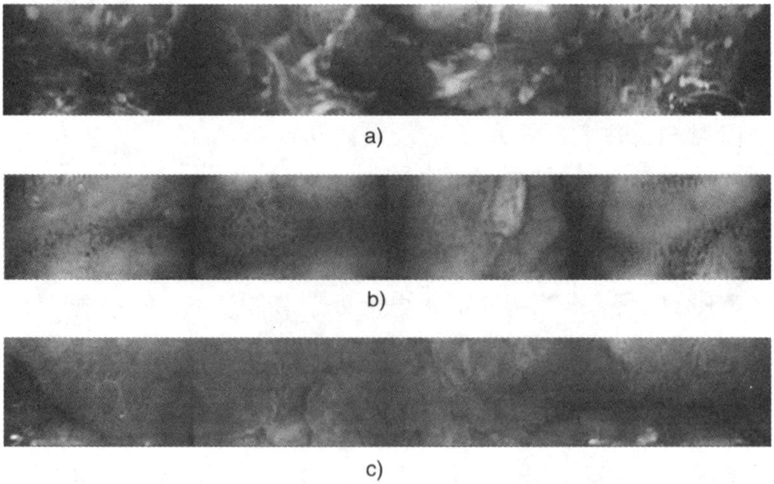

图 15. 19　CapsoCam® SV－1 胶囊内窥镜拍摄的消化道图像（版权©CapsoVision。经许可转载）
a）发炎的小肠　b）小肠溃疡　c）黏膜破裂和糜烂

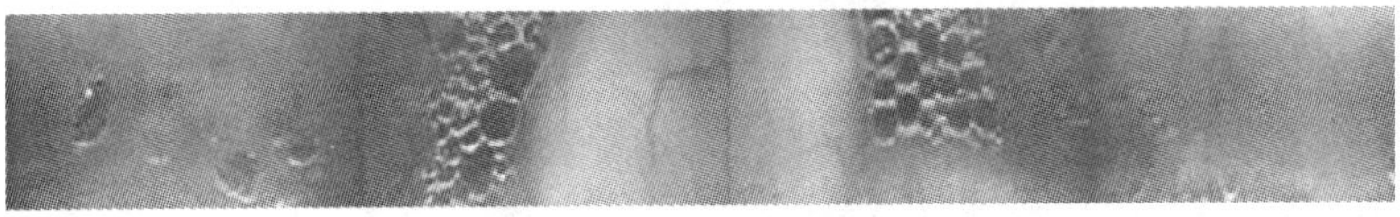

d)

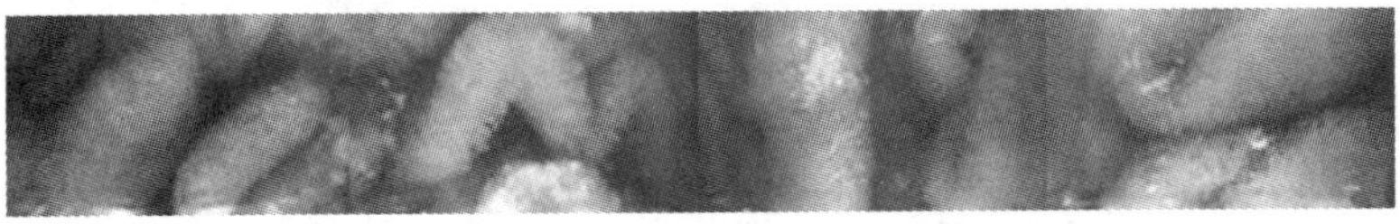

e)

图 15.19　CapsoCam® SV-1 胶囊内窥镜拍摄的消化道图像(版权© CapsoVision。经许可转载)(续)
d）黏膜下肿瘤脂肪瘤　e）淋巴性扩张

15.6　Olympus 公司的 ENDOCAPSULE 系统 EC-S10

ENDOCAPSULE（见图 15.20）被用于诊断小肠内的消化功能紊乱，采用 6 个具有自动亮度控制功能以保持消化道壁的最佳照明的白光 LED，场深为 20mm，视场角度为 160°。ENDOCAPSULE 采用一个每秒拍摄两张图像的 CMOS 传感器，从而产生大约 60000 张图像，这些图像可以使用 Smart Recorder 进行实时观看。ENDOCAPSULE 由一个内部电池供电，可持续使用长达 12h。整个胶囊尺寸为 11mm×26mm，重量小于 4g。

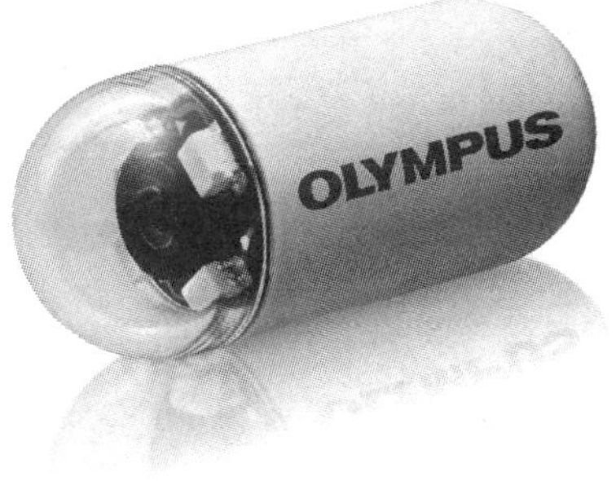

图 15.20　ENDOCAPSULE 10
（版权© Olympus Inc. 经许可转载）

Smart Recorder 是一个手持式可充电单元，被佩戴在一个肩带袋中，与用户佩戴的一个腰带式天线相连（见图 15.21）。该记录器在一个彩色 LCD 显示器上显示 ENDOCAPSULE 传送的实时图像，并监控其通过消化道时的功能和进展。专用软件使对 ENDOCAPSULE 通过消化道的三维跟踪成为可能。图 15.22 示出了由 ENDOCAPSULE 拍摄的消化道图像。

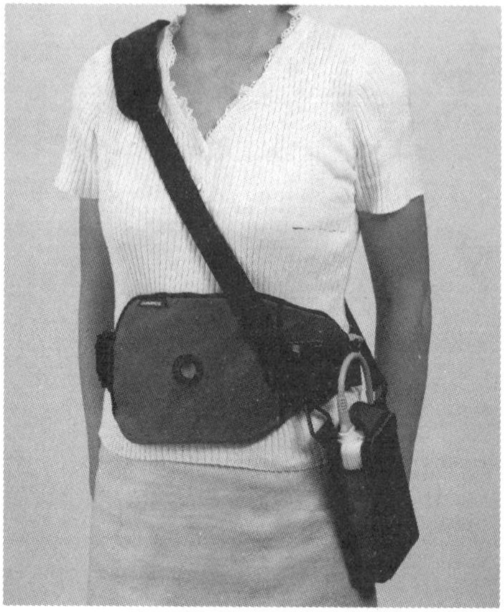

图 15.21　Smart Recorder 和腰带式天线（版权© Olympus Inc. 经许可转载）

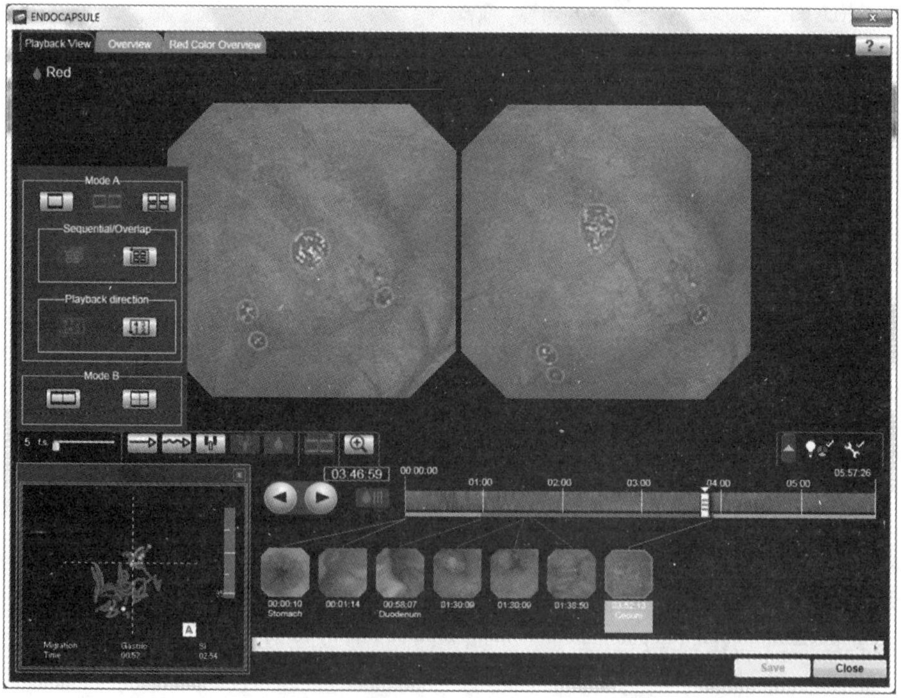

图 15.22　ENDOCAPSULE 10 拍摄的消化道图像（版权© Olympus Inc. 经许可转载）

15.7　重庆金山科技（集团）有限公司的 OMOM 胶囊内窥镜系统

OMOM 系统被用于提供小肠疾病的实时观察和诊断。图 15.23 中示出的系统包括一个无线一次性内窥镜胶囊、一个含有 14 个天线器件的由用户穿戴的背心、一个数据记录器以及在 PC 上运行的图像软件。拍摄的数据被通过背心天线器件无线地传输到数据记录器，并使用一个 USB 或无线连接下载到 PC 上，使用专用的图像软件进行后续的观察和诊断分析。在拍摄阶段，拍摄的图像给出实时视图以及对当前位置的估计。

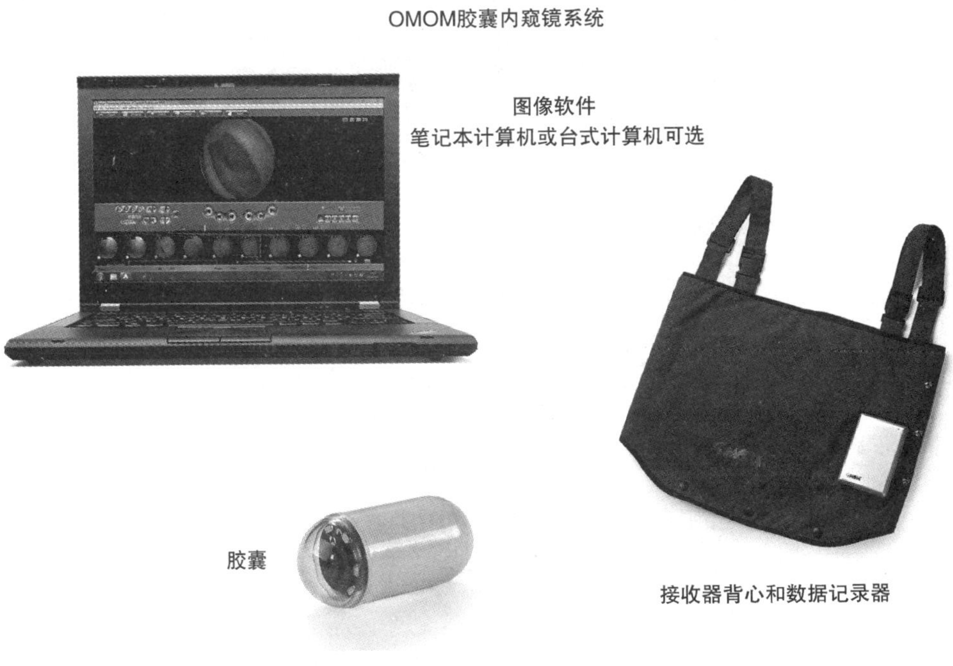

图 15.23　OMOM 胶囊内窥镜系统（版权©重庆金山科技（集团）有限公司。经许可转载）

图 15.24 所示的 OMOM 内窥镜胶囊使用白光 LED 和一个 CCD 图像传感器照亮并观察消化道的各部分，视场为 157°，分辨率为 0.1mm。该胶囊采用双向无线通信以调节 LED 照明等级，并通过在到达小肠前经过食管和胃部时关闭胶囊（休眠模式）节省电池电量。帧速率也被在 0.5 帧/s、1 帧/s 和 2 帧/s 之间切换节省功率。只有较高的帧速率被用于在较高的分辨率查看消化道的患病部分。当帧速率为 2 帧/s 时，电池的使用时间约为 8h。OMOM 尺寸为 27.9mm × 13mm，重量小于 6g。图 15.25 示出了使用 OMOM 内窥镜胶囊拍摄的消化道图像。

图 15.24　OMOM 胶囊内窥镜（版权©重庆金山科技（集团）有限公司。经许可转载）

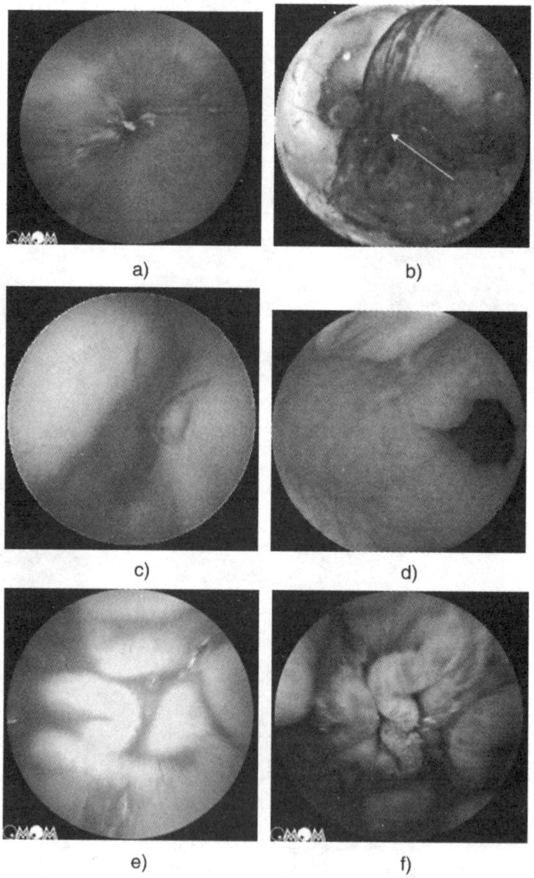

图 15.25　OMOM 胶囊内窥镜拍摄的图像
（版权©重庆金山科技（集团）有限公司。经许可转载）
a）克罗恩病　b）胃出血　c）钩虫　d）幽门
e）小肠出血　f）多处糜烂，小肠

Implantable Electronic Medical Devices, 1st edition
Dennis Fitzpatrick.
ISBN: 9780124165564.

ISBN: 9780124165564 (ISBN assigned by Singapore office and indicated in the Schedule 1).

北京市版权局著作权合同登记 图字：01－2015－5209 号。

图书在版编目（CIP）数据

植入式电子医疗器械/（英）丹尼斯·菲茨帕特里克（Dennis Fitzpatrick）著；曹峥译.—北京：机械工业出版社，2016.10
（国际信息工程先进技术译丛）
书名原文：Implantable Electronic Medical Devices
ISBN 978-7-111-54735-8

Ⅰ.①植… Ⅱ.①丹… ②曹… Ⅲ.①医用电气机械 Ⅳ.①TH772

中国版本图书馆 CIP 数据核字（2016）第 209118 号

机械工业出版社（北京市百万庄大街 22 号 邮政编码 100037）
策划编辑：顾 谦 责任编辑：顾 谦 责任校对：张 薇
封面设计：马精明 责任印制：李 洋
三河市国英印务有限公司印刷
2016 年 9 月第 1 版第 1 次印刷
169mm×239mm · 9 印张 · 165 千字
0001—3000 册
标准书号：ISBN 978-7-111-54735-8
定价：59.00 元

凡购本书，如有缺页、倒页、脱页，由本社发行部调换

电话服务	网络服务
服务咨询热线：010－88361066	机 工 官 网：www.cmpbook.com
读者购书热线：010－68326294	机 工 官 博：weibo.com/cmp1952
010－88379203	金 书 网：www.golden-book.com
封面无防伪标均为盗版	教育服务网：www.cmpedu.com